知物

地星引力◎著

从星尘到文明

地球演化的
32个里程碑

机械工业出版社
CHINA MACHINE PRESS

如果将地球46亿年的历史展现在钟表盘上，人类竟然在最后一分钟才出现！地球是如何从茫茫宇宙的一片死寂变成如今这颗生机勃勃的星球？

本书是知乎人气答主地星引力的作品，书中按照地质纪年的冥古宙、太古宙、元古宙、显生宙，将地球的演变分为四章，讲述从地球诞生一直到人类第一次核爆炸发生过的具有里程碑意义的32个重大事件，完整地呈现了地球一路走来波澜壮阔的历史。本书用生动浅显的语言和精彩丰富的插图展现了地球上惊心动魄的环境变化和物种更迭，适合广大对地球、地质、古生物感兴趣的读者阅读。

图书在版编目（CIP）数据

从星尘到文明：地球演化的32个里程碑/ 地星引力
著. — 北京：机械工业出版社，2022.11
ISBN 978-7-111-72042-3

Ⅰ.①从… Ⅱ.①地… Ⅲ.①地球演化－普及读物
Ⅳ.①P311-49

中国版本图书馆CIP数据核字（2022）第215860号

机械工业出版社（北京市百万庄大街22号 邮政编码100037）
策划编辑：兰 梅　　　　　责任编辑：兰 梅
责任校对：薄萌钰 张 薇　　责任印制：张 博
北京华联印刷有限公司印刷

2023年3月第1版·第1次印刷
185mm×240mm·17.5印张·2插页·321千字
标准书号：ISBN 978-7-111-72042-3
定价：158.00元

电话服务　　　　　　　　　网络服务
客服电话：010-88361066　　机 工 官 网：www.cmpbook.com
　　　　　010-88379833　　机 工 官 博：weibo.com/cmp1952
　　　　　010-68326294　　金 书 网：www.golden-book.com
封底无防伪标均为盗版　　机工教育服务网：www.cmpedu.com

前　言

本书思路来自国内著名问答社区知乎上的一个问题："在地球的几十亿年历史上，发生过哪些全球级别的事件？"我在2019年12月用一个刚注册才几天的新号回答了这个问题，出乎意料的是，在3周内就收到了9000多个赞同，关注者也从0涨到了6000多。因为当时的回答是按照时间顺序盘点的这些重大事件，并且只写了其中的两个，一个是地球形成，一个是月球形成，所以众多网友在点赞之余还在催更。

这是我第一次受到如此大的鼓励，以往我并没有觉得自己在大学学到的地质学知识有什么特殊，甚至还觉得土里土气——无论是求学生涯还是从事地质工作，都有很多时间需要拎着锤子漫山遍野敲岩样，与天天在实验室跟各种高精尖设备打交道的其他学科相比可不就是土气的么！

但是这个回答的受欢迎程度让我意识到，其实大家对地球演化的故事有很大的兴趣。由此，我开始在知乎持续更新这个回答，并开始回答一些其他地学相关的问题。直到两年以后，也就是2021年，这个回答才最终更新完毕，我在知乎的关注者也终于突破10万大关。

不过，我最大的收获不是这些赞数或是关注者数量的增长，而是对地学科普工作的认识和兴趣日益加深。从我这些年的科普经验来说，做科普其实是有"门槛"的，第一个门槛叫作"见知障"，第二个门槛叫作讲故事。

无论哪一个专业，大一新生一般都会有一门入门教材，在地质学中，这本教材叫作《普通地质学》或《地质学简明教程》，在其他专业领域，也都有此类书籍，如《普通动物学》《普通植物学》《普通生物学》等。这些教材一方面会培养学生对该专业的认识框架，另一方面会逐渐教授学生大量的专业术语，在学生对专业术语熟悉后，就算在此专业"入了门"。

在现代专业分支越来越多、分支内的知识也越来越深的情况下，专业术语对领域内的人来说是一种提高交流效率的手段，比如在地质学中有一种地质作用被称为"侵入作用"，其在教科书中的定义为"深部岩浆沿着岩浆管道向上运移，侵入管道周边围岩中，并在地下冷凝、结晶、固结成岩的过程"。在"侵入作用"下形成的岩石就叫作"侵入岩"。在专业人士的内部交流中，自然不会用冗长的定义，而只是会简单地说"侵入作用"或"侵入岩"，这样双方都会瞬间了解其意思。

这几年很火的互联网"黑话"，如底层逻辑、垂直领域、用户裂变、价值转化、去中心化、商业模式、ToB、ToC、大数据、迭代优化等，其实也就是在其发展过程中，内部人士为了提高交流效率而编出来的一些专业词汇。

在专业人士们习得了这些专业词汇之后，他们反而会很不习惯再用回非专业词汇，并且会不自觉地默认为所有人都懂得这些专业词汇，但事实上，普通大众理解起来很费劲，所以要是专业人士在习惯了专业语境后，科普时采用了大量的专业词汇，效果自然就不会很好，有时候甚至很不好，读者看了开头，直接扭头就走——这就是专业人士在做科普过程中的"见知障"了。换句话讲，专业人士在做科普的时候首先要学会"讲人话"，这是第一个门槛。

学会"讲人话"之后，写出来的科普内容就容易看了，至少读者能看懂了。这时候更进一步的要求就是读者爱看。有些专业天然就比较有优势，如动植物、医学方面，人们天天接触动植物，医学人人都用得着，所以这些专业的科普很容易吸引人看，也人人爱看，中国的动植物学和医学方面的科普工作其实做得很好——写出来就有人看，有人爱看就有流量，也就能赚钱，所以投入这方面的人自然比较多。

另外一些专业就是以其神秘性受欢迎，如考古学和地质学里面的古生物学，尤其是恐龙相关的内容，就以其神秘性受到欢迎。但是更多的专业在读者看起来离生活比较远，大家在看到之后会下意识地想"这跟我有什么关系？我为什么要看它？"，如地质学中的岩石学和矿物学，基本上就无人问津。这些专业的科普要想吸引人，那就得靠故事性了。但是这一步的要求很高，我自己也才跨过第一步的门槛（可能第一步也才跨了一半，只是意识到了要"讲人话"而已，离做到还有距离），因此也只是一个方向性的思考。

另外，我在写书的过程中意识到，地球的演化历程中，每一个事件拿出来都能写出一本书，且还有更多精彩的演化故事因篇幅有限不得不略过不提——故事是写不完的。但是重要的事情应该是让读者建立一个框架性的认识，不仅仅是对地球的演化历程有一个简单认识，而且还应该对地球演化的"底层逻辑"建立一个认识。

因此，本书在每一个地质时期选取了一个重大事件进行讲述，并在每篇开头用一幅配图指示了该事件的发生地质时期，以及若以钟表盘上的12小时代表太阳系诞生到现在为止的时间进程，该事件发生时的时间点。

在某些章节中，读者可能还会看到我强调某些地质演化过程中的物理和化学原理，这些原理都很简单。而我想传达的思想就是，我们的地球演化到现在的动力，其实都是简单的物理和化学规则。比如地球由最初的岩浆球状态演变出壳、幔、核三个圈层，就是因为物理规则——重力和热力学的支配。而生命由化学反应演化而来，也是因为在水中，脂类分子会因为疏水而卷曲成圆球状。这些原理读者会在后面的章节中看到，在此不详述。

在讲述地球演化故事过程中，我试图用简单易懂的语言为读者建立一个易于理解的思路。当然由于我的学识有限，文中必然会有疏漏，还请读者见谅。

最后，本书是在2021年年初受到机械工业出版社的编辑兰梅老师的邀请开始创作的，这一年对我来说是漫长难熬的一年，至少有半年的时间在为此书的正文写作和绘画构图而熬夜到1点以后。无论是兰梅老师还是绘者金书援都对我报以极大的耐心和鼓励，文章和图片都经历了反复痛苦的修改过程，在此一并予以感谢。

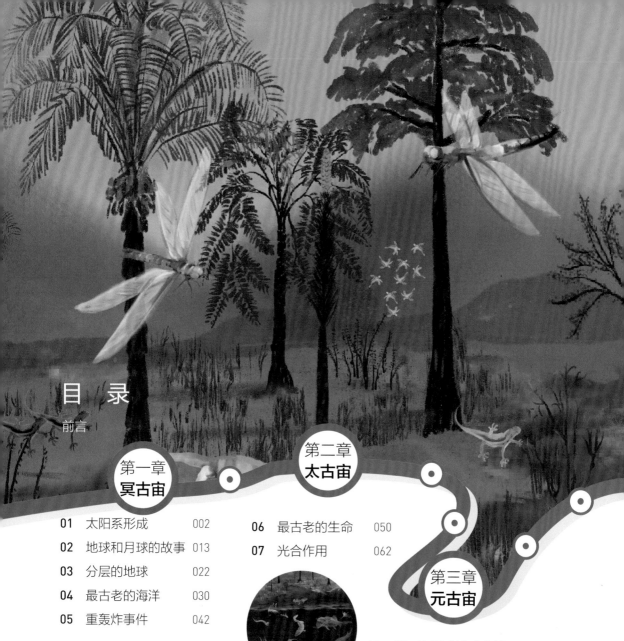

目 录

第一章 冥古宙

01　太阳系形成　002
02　地球和月球的故事　013
03　分层的地球　022
04　最古老的海洋　030
05　重轰炸事件　042

第二章 太古宙

06　最古老的生命　050
07　光合作用　062

第三章 元古宙

08　第一次雪球地球事件　072
09　真核生物出现　079
10　第二次雪球地球事件　090
11　埃迪卡拉生物群　096

第四章
显生宙

第一章

冥古宙

从 星 尘 到 文 明
地球演化的 32 个里程碑

01 太阳系形成

大约45.72亿年前，太阳系从一团星云中诞生，这是所有故事的开始。

如果追溯地球数十亿年以来波澜壮阔的演化历史，我们需要从大约45.72亿年前的一团星云开始说起。那时候太阳系还并不是一个恒星系，它只是一团围绕银河系中心旋转的太阳系原始星云。整个银河系是一个直径约为10万光年的扁平天体，银河系中央的棒状结构向外伸出几条旋臂，太阳系原始星云就孕育在猎户座旋臂的巨分子云中。

大约45.72亿年前，太阳系原始星云从这团巨分子云中分离了出来。刚刚分离的时候，太阳系原始星云是一团均匀而弥漫的球状星云，但是很快，它在自转和外界扰动（如邻近超新

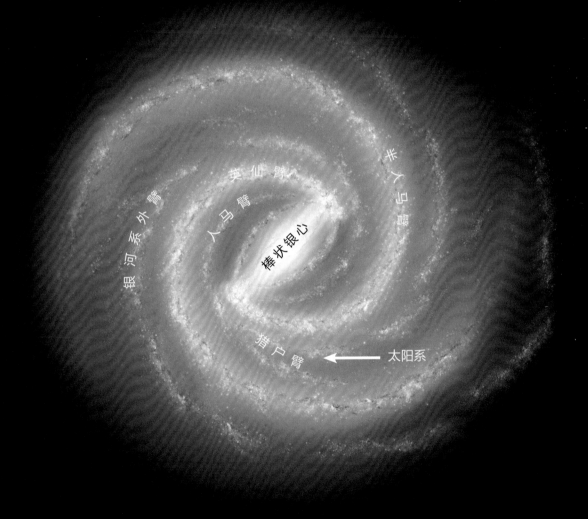

银河系有四条大型悬臂，猎户臂属于人马臂的一个分支，太阳系就位于猎户臂上。

图片来源：NASA/JPL-Caltech，R. Hurt

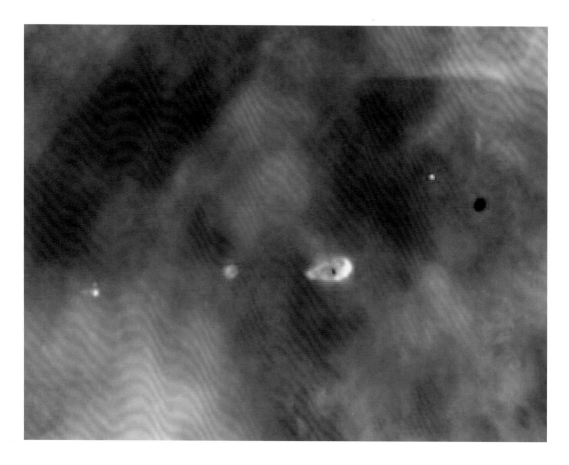

星爆发产生的激波、与其他星际云的碰撞等）的共同作用下，太阳系原始星云向内部坍缩，变小变密，它的形态也从球状星云变成了扁平的盘状星云。

在星云盘的中央，99.9%的星云物质都汇聚在了一起，给这里带来了极高的压力和温度，随着温压的持续增高，当它们温度超过700万K之后，氢原子之间开始发生核聚变反应，这种反应会源源不断释放出更多的热量，加热周边更多的氢原子，让它们也开始参与到核聚变中，于是星云的中央被"点燃"了——太阳由此而形成。

在太阳形成之后，剩余的那0.1%的星云物质中的绝大部分继续围绕着太阳运动，形成了原行星盘。在原行星盘内的物质围绕太阳运动的过程中，太阳所释放的光和热对它们进行了一次大筛

这是哈勃空间望远镜在猎户座拍到的另外一个分子云，它可能与太阳系形成之前的分子云非常相似。

图片来源：C.R. O'Dell

热力学温度与摄氏温度的换算关系为：

$$T(K) = t(℃) + 273.15$$

但是在 700 万 K 这个级别，273.15 已经没什么影响了，所以就可以直接看成是 700 万℃。

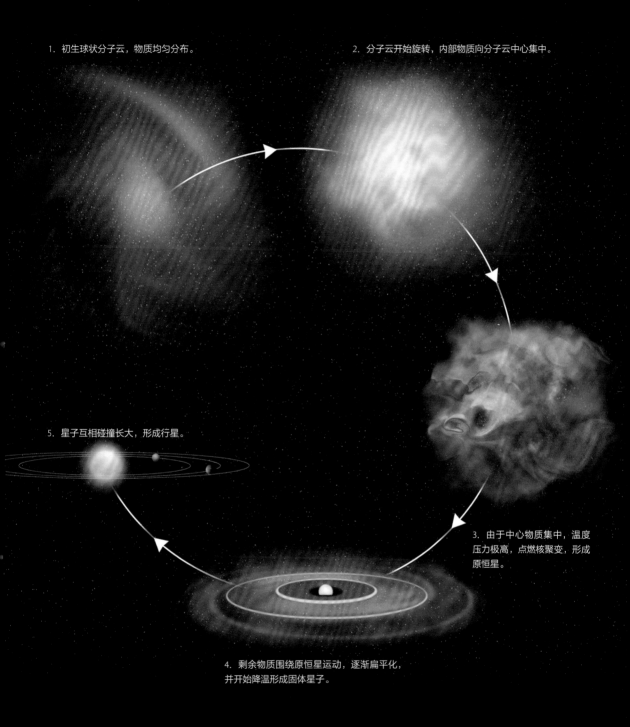

1. 初生球状分子云，物质均匀分布。

2. 分子云开始旋转，内部物质向分子云中心集中。

5. 星子互相碰撞长大，形成行星。

3. 由于中心物质集中，温度压力极高，点燃核聚变，形成原恒星。

4. 剩余物质围绕原恒星运动，逐渐扁平化，并开始降温形成固体星子。

太阳系形成过程示例。　　图片来源：NRAO/AUI/NSF，Bill Saxton

选：离太阳近的地方温度高，仅有耐高温的星云物质（土物质）能够大量存在，而那些不耐高温的星云物质（冰物质和气体）则被赶到了离太阳较远的地方。

不管是土物质还是冰物质，它们很快就会在运动中因为静电引力和相互碰撞而吸积长大，成为星子。这些星子继续生长变大，就成了行星胎。行星胎吸附其他物质或者是行星胎之间相互碰撞长大，最终形成行星。

关于行星们具体是如何形成的，科学家们也有不同的观点，我们可以将其分为传统理论和大迁徙理论。

传统理论

传统理论认为，太阳系的形成很直接：在靠近太阳的地方，土物质形成的是岩石质地的星子，这些石质星子最终又形成了四颗岩质行星：水星、金星、地球、火星，有时候我们也称这些岩质行星为类地行星。

水星　　金星　　地球　　火星

小行星带

稍远一点的区域迅速从土物质向冰物质和气体过渡。在这里，主要由冰星子形成的行星胎会快速吸积附近大量的气体，形成包裹整个行星的厚厚的气壳，这些行星被称为气态巨行星或类木行星。太阳系中有四颗气态巨行星：木星、土星、天王星、海王星。

在更加远离太阳的地方，则主要是一些冰星子和气体，它们构成了我们见到的各种彗星，以及太阳系外围的柯伊伯带。而这些来自"娘胎"的特点造就了现代大家所熟知的太阳系：

1．太阳系内侧的四颗岩质行星，太阳系外侧则是木星、土星、天王星、海王星四颗气态巨行星，再往外就是由冰星子构成的柯伊伯带了。

2．由于太阳系内八大行星都形成于同一个星云盘，所以八大行星几乎都是在相同的轨道平面上围绕太阳运动，而且围绕太阳公转的方向也都一致。

在宇宙空间中，运动是三维立体的，如果恒星和行星们的起源都不一样的话，那么它们没必要都在一个平面上围绕太阳运动。就如同我们发射到地球之外的卫星一样，它们的轨道各不一致，有的围绕赤道平面飞，有的围绕南北极的平面飞。太阳系内行星一致的公转轨道面实际上也暗示了它们的起源一致。

木星　　　土星　　　天王星　　　海王星

太阳系结构示意图，各天体尺寸及距离均未按照比例画出。
图片来源：Pixabay/BlenderTimer

　　这段发生于大约46亿年前的星云至恒星系的演化过程我们本来无缘得见，但是幸运的是，在太阳系中还存在着一个名为小行星带的区域。这是一个位于火星和木星之间的宽广区域，没有行星存在，只有上百万颗大大小小的小行星在此游荡，因此被称为小行星带。科学家们推断，这里原本有可能形成一颗岩质行星，但是由于木星生长得比较快，在小行星带内的众多星子还没来得及碰撞形成一颗完整的行星的时候，木星就已经大致形成了。木星的巨大引力造成的摄动从小行星区吸积了大量物质，使得小行星带星子的生长停留在半成品的状态，再也无法形成行星了，于是它们在这一区域游荡至今，形成了如今我们在小行星带内看到的各种小行星。当这些小行星因为碰撞，或者是其他行星的引力作用而漂离轨道，坠落到地球上，它们就变成了我们所熟知的陨石。目前地球上发现的陨石绝大多数都来自小行星带，只有极少数来自火星或者月球。

　　许多来自小行星带的陨石在太阳系形成之初就已经形成，而且在往后数十亿年中未经大的改变，因此还保留着诞生时候的模样，科学家们通过研究这些陨石，就能对太阳系进行"考古"，还原出那段发生在数十亿年前的故事。

　　在这些陨石中，有一类被称为球粒陨石，它们以陨石中包含大量球粒而得名。这些球粒来源于太阳刚刚诞生的时候，强烈的核聚变爆发出来巨大热量，这些热量让周边的星云物质都熔化变成了小液滴，在太空中，这些液滴会自然形成球形，当这些液滴冷却并结合在一起后就形成球粒陨石。这些球粒实际上就反映了当时星云物质的成分，我们可以通过分析球粒陨石的化学成分知道当时的星云物质是由什么组成的。

　　科学家们对这些陨石的化学元素的丰度进行计算后发现，球粒的化学元素的丰度基本上与太阳大气元素的丰度是一样的，这就可以说明陨石和太阳的起源一样，都来自同一团星云物质。

丰度，简单理解就是丰富的程度，实际上指的是某一种元素在总元素中的百分比。

球粒陨石的剖面，能够清晰地看到其中的"球粒"。
图片来源：Wikipedia/H. Raab

除了球粒之外，球粒陨石中还含有一种富含钙-铝元素的难熔包裹体，这种包裹体的化学成分大致相当于太阳组成成分的气体在高温下的凝结物，科学家们认为它们可能形成于太阳系原始星云的最内区，与太阳同时形成。而对这种包裹体进行放射性同位素测年的结果发现其年龄为45.72亿年，因此常常用这个时间作为太阳形成的时间，也作为太阳系开始的标准时间。

当然，除了球粒陨石之外，我们还发现了大量的非球粒陨石，这些非球粒陨石是太阳系行星盘成长的见证。球粒陨石是太阳系内最早的一批星子，随着它们不断长大，其直径从几厘米到几米，再到几十米、几百米、几千米，它们之间的碰撞自然会越来越剧烈，碰撞带来的动能开始能够让碰撞点周围的岩石熔融变成岩浆。

岩浆是岩石熔融后形成的高温液体，原本被锁在岩石中的各种元素都像是溶解在水中一样被释放了出来。这时候发生了重力分异，在重力分异的作用下，长大的星子发生了改头换面的变化：重的金属下沉到星子中央，轻的硅酸盐矿物则覆盖到星子表

每年都会有大量陨石落在地球上，其中只有那些大个的容易保存，而还有些个头小的，一旦落在地表就会与普通沙砾混在一起，然后因为风化而无从辨别。

2012 年一颗 61.9 克的微型陨石留下的陨石坑。
图片来源：NASA

重力分异，听上去是一个很酷炫的词，但原理其实很简单，就是重的元素下沉，轻的元素上浮。跟沙石沉到水下，木头和叶子漂在水面是一个道理。

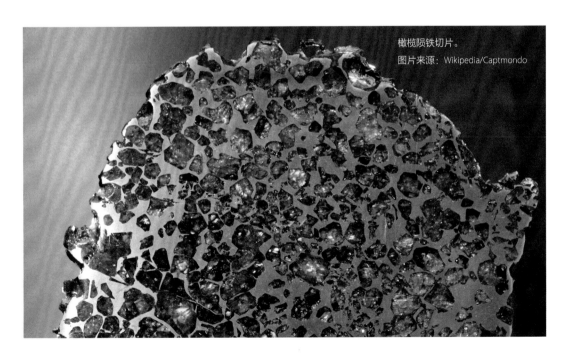

橄榄陨铁切片。
图片来源：Wikipedia/Captmondo

面，形成了类似我们地球的分层结构。

当这些长大后的星子再次被碰撞，它们产生的碎片也会被撞碎。表层被撞碎的硅酸盐岩层就会形成一些非球粒的石质陨石；内部的铁核如果被撞碎，就会形成几乎全是金属铁的铁陨石；而要是恰好处于石和铁边界的部分，被撞碎后就会形成好看的石铁陨石，也被称为橄榄陨铁，黄绿色的橄榄石被金属铁镍包裹在中间，异常美丽。

还有极少数陨石来自各大行星形成之后，月球、火星等受到大撞击，撞出来的碎片飞到地球上，这就是极为罕见的月球陨石和火星陨石。

在这些不同类型的陨石中，或多或少存在一些放射性同位素，有些放射性同位素有比较长的半衰期，科学家们可以利用这些放射性同位素来测定陨石的精确年龄。

半衰期很好理解，就是1份放射性元素，其中1/2发生衰变所花费的时间，物理学家发现，同一种放射性元素的半衰期是固定的，比如铀-235，它的半衰期大约是7000万年，而在长时间的衰变之后，铀会变成铅。

假定这里有1份铀-235，经过7000万年后，它还剩下1/2，其余的都衰变了；再过7000万年，这1/2的铀又少了一半，只剩下1/4的铀了；再过7000万年，只剩下1/8了。

如果我们假定某一陨石中最开始的时候铅元素含量为零，捡到后测定出它的铀-铅的比值为1：1，说明这块陨石的年龄是7000万年；若比值为1：3，说明陨石的年龄是1.4亿年；若比值为1：7，说明陨石的年龄为2.1亿年……这就是一个最简单的放射性测年的例子。

因此，从不同类型的陨石的化学成分和岩石结构中我们就能知道它们发生过什么事情，再用上放射性测年之后，也就能知道大概是什么时候发生这些事情的。

许多"陨石"卖家的惯常玩法：
（1）比较低端的卖家直接将铁矿石炉渣作为铁陨石售卖。
（2）稍微高端一点的将铁和橄榄石熔融后混合制成切片作为石铁陨石售卖。
（3）售卖所谓的玻璃陨石，但事实上这种陨石并不存在。
（4）宣传陨石有"宇宙能"能够起到保健功能，但其实目前陨石最大的功能就是科研，帮助我们了解数十亿年前的行星演化故事。

大迁徙理论

传统理论和相关佐证曾一度获得大部分科学家的认可，不过随着观测水平的提高，人类逐渐发现了宇宙中存在着一些用传统理论无法解释的现象，于是不得不在传统理论的基础上进行修改，提出了新的理论——大迁徙理论。

根据传统的理论，气态巨行星都处于恒星外围的冰星子区域，由于离恒星遥远，因此轨道周期较长；而岩质行星则处于恒星系内侧，轨道周期一般为数年或更短。

然而观测的事实却与此不符，比如许多系外行星是"热木星"，它们在离恒星极近的地方围绕恒星转动，有些轨道周期只有几天。与太阳系更不同的是，许多恒星系的行星系统中通常会包括一颗或多颗轨道周期小于100天，但却比地球体型大得多的岩质行星，我们可以将其称为"超级地球"。这些行星中的一部分轨道周期甚至不到一天（如柯洛7b），大部分在数天到数十天之间，这让其他恒星系内侧显得拥挤不堪，与之相比太阳系反而显得空旷干净得多。

所以，为什么会出现"热木星"？为什么在其他恒星系内侧会出现"超级地球"？为什么太阳系内水星轨道（轨道周期88天）之内再无行星？经典理论毫无疑问无法回答这些问题——比如"热木星"，根据经典理论，在这种区域并不会出现冰星子，自然也无法形成气态巨行星，"热木星"是不可能在此自然形成的。

而大迁徙理论解决了这些问题。这个理论认为，在太阳系等恒星系形成早期，恒星系内确实出现过数个"超级地球"，它们在离恒星很近的地方快速公转；与此同时，在恒星系外侧，大约3.5个天文单位（1日地距离=1天文单位）的地方是冻结线，或又被称作冰线，冰线之外存在着大量冰星子，原始的气态巨行星就以冰星子作为原材料而迅猛生长。

在冰线内侧，冰星子受热无法存在，其融化后的气体被驱赶到了冰线附近，这里处于从气体变成冰星子的过渡带。最初的木星和土星就形成于冰线附近，它们不仅有大量冰星子作为原料，还能吸附冰线附近的丰富气体，从而能够迅速增长，这让它们很快变成了太阳系中的巨无霸。稍后，天王星和海王星也都先后在冰线之外形成了，那时它们的位置离太阳比现在要近得多。

那时候的太阳系中还存在密集的气体物质，由于太阳本身存在的巨大引力，整个太阳系的气体都会被太阳吸引而向其掉落。我们可以想象一个漩涡，漩涡的中心就是太阳，太阳系内的气体像水一样，以螺旋运动的形态逐渐接近漩涡中心，离太阳较近的木星自然最先受到这一影响，开始螺旋状向太阳靠近。稍后，土星也受到影响而开始向内太阳系运动。

这两者在向内太阳系迁徙的时候，就如同一个推土机，不仅打断了内太阳系星子们的运动轨迹，还吸附了大量星子。这个过程导致无数星子的碰撞和碎裂，其中的一些甚至可能瓦解，重回尘土状态。

突然增多的星子碎片和尘土，让还在正常运行的星子受到强大的气动阻力，因此很快减速并向着太阳坠落。当这些星子群、星子碎片云运动到原本存在于恒星系内侧的"超级地球"处时，也将它们包裹在其中。这些超级地球就好像一脚踩进泥团中，很快减速——减速的结果就是轨道降低并先后被太阳吞噬，根据计算，这些"超级地球"可能在星子碰撞后的数十万年间就已消失殆尽了。

与此同时，太阳系内的密集气体逐渐消散，木星和土星停止了继续向太阳系内部的运动。木星在最近处，离太阳仅有1.5个天文单位（差不多是目前火星的轨道位置）。而在此过程中，土星由于质量小，运动得快，很快就抵达了木星外侧，与木星轨道周期达到了2∶1的时候（也有人认为是3∶2）——它们之间就出现了引力共振。

这种引力共振扭转了二者向内迁徙的脚步，并开始重新向外迁徙。它们向内和向外迁徙的过程扰动了原本星子的运动，导致大量冰星子和岩石星子混合在一起，当"超级地球"消失后，这些星子很快碰撞，开始形成各大岩质行星。而由于木星曾经位于火星轨道附近，导致轨道上的星子要么被驱离，要么被吸积，数量大大减少，因此火星的质量非常小，只有0.107个地球质量。

在火星轨道之外的小行星带也是类似，只不过这里的物质更少一点，因此完全无法形成行星，只能保留着数十亿年前的模样。

同时，由于木星驱动了星子向内太阳系的运动，导致在1个天文单位处形成星子密集区，这些星子最终就形成了金星和地球，并在更内部的地方形成了水星——这些复杂的过程，可能在数千万年的时间内就完成了，现在太阳系的雏形就此出现。

02　地球和月球的故事

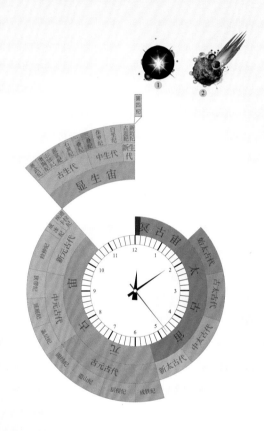

大约45亿年前，一颗行星胎撞击了地球，撞击出来的碎片形成了月球，地轴也
在撞击中出现了倾角，这导致地球有了四季。

地球是个幸运儿

无论是从传统的太阳系形成理论，还是从大迁徙理论来看，地球都是行星中的幸运儿，离太阳距离不近不远刚刚好。

水星离太阳太近了，虽然这里的星云物质密度大，初始时可以形成较大的星子，但是这些星子围绕太阳运动的速度很快，容易发生撞击而碎裂，所以反而只能形成一个比较小的行星。此外，因为离太阳太近，星子的含水量极少，这导致水星从诞生起就很干旱。

火星和小行星带由于距离太阳稍远，那里不光星云物质的密度小，初始星子比较小，而且由于更远处的木星形成速度快，先形成的木星利用其较大的引力将这区域的大星子吸积带走，

在传统理论中，因为受到木星的巨大引力，小行星带未能形成行星，而火星个头也相对比较小。　　图片来源：Flickr/Image Editor

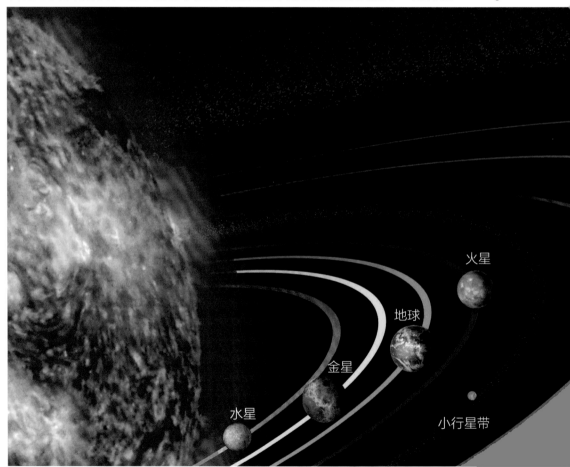

导致火星成长速度减慢，体积和质量较小，也直接让小行星带的生长处于"半成品"的状态。

从大迁徙理论来看也是类似。原始木星运动到现在的火星轨道附近，将整个太阳系内的星子活动搅得混乱不堪，将大量星子物质集中到了离太阳1个天文单位的范围内。"超级地球"坠入太阳前大量吸附星子，导致离太阳近的地方物质极少，因此水星个头小。而火星则因为木星曾在这一轨道活动，同样形成物质匮乏，个头极小。

仅有金星和地球位置合适，在两种太阳系形成理论中都获得了足够的星子物质，得以长到现在的个头。金星的半径是地球半径的94.9%，质量是地球的81.5%，科学家因为这种相似性将其称为"地球的姊妹星球"。但是金星相比地球却非常缺水，地球上的水量相当于地表能够覆盖一层3千米深的海洋，金星的水量则只相当于在金星表面覆盖一层10厘米厚的水膜。这可能与金星离太阳近有关系，在强大的太阳辐射下，原始金星上就算有大量的水分，这些

水分也会被很快蒸发到大气中，水蒸气是一种极为重要的温室气体，能让金星表面的蒸发更加强烈，这些蒸发的水蒸气又会直接在太阳的紫外线辐射下被分解为氢气和氧气，氢气极易逃逸到宇宙空间中，氧气会与金星大气中的还原性气体（如二氧化硫）发生反应，也会与金星表面的铁元素等发生反应而消失。正是因为缺水，金星最终走上了一条与地球截然不同的道路。

不过地球这种得天独厚的条件并不意味着它的成长一帆风顺，它在早期曾经遭受过一件惊天动地的大事件，这一事件的余波至今还对我们影响至深，这就是月球的形成。

另外一种解释是硫元素能够降低铁的熔点，让铁更容易变成液态。地球由于富含硫元素，因而地核处有一层液态铁核，在地球自转过程中，铁核发生了相对对流，就像是一个发电机一样在地表创造出磁场。但是金星由于缺乏硫元素，内部是一个固态铁核，也就无法制造出磁场，缺乏磁场的保护让金星上的水蒸气被太阳的电离辐射大量吹离。

大冲撞

在地球形成的早期，星子的个头都比较小，因此星子之间的相互碰撞并不太激烈。不过，随着星子之间的聚合和吸积其他物质，地球的轨道上形成了十个或更多个行星胎，这些行星胎的大小不等，小如月球大至火星。这些大家伙们的碰撞越来越剧烈，带来的热量能够再次让岩石大面积熔融，变成岩浆。

在岩浆中，重力分异再一次发生，重元素在下沉过程中会释放重力势能，重力势能最终也会转化为热能，持续加热岩浆。此外，原本存在于星子中的放射性元素也因为熔融和重力的影响而聚集在一起，以放射性衰变的形式向外释放热量。

持续的撞击、重元素下沉以及放射性元素衰变为地球内部提供了源源不断的热量，持续加热地球，让更多的岩石熔成岩浆。因此，我们可以想象当时的场景：地球局部或者是全部熔融，形成赤红的岩浆海；来自地心的持续加热让岩浆不断翻涌喷溢；无数小星子不断撞击在地球上，让岩浆海中涌起巨浪；地球轨道附近还有另外一个巨大的行星胎正在向地球靠近，当它们相撞，整个地球都会受到影响。

从45.72亿年前开始，到45.6亿年前左右的1000多万年间，地球很快就生长到了现在的63%。至少从这时候起，我们的地球可能

地球形成前期被无数小行星碰撞
而熔融成为岩浆球的想象图，图
中的亮点均为碰撞导致。

图片来源：Flickr/Kevin Gill

就已经是上段描述的模样了。而且，很可能在此后的2000万年内，由于地球上岩石已经普遍熔融，较重的物质都顺利沉降到了地球的最深处，形成主要成分为铁–镍的地核，那些相对较轻的物质，如硅酸盐则形成了厚厚的地幔。

在随后的1000万~2000万年间，地球可能又发生了多次与行星胎之间的碰撞，在这其中就有一次极为重大且影响至今的碰撞。

这颗与地球发生碰撞的行星胎，科学家称之为忒伊亚（Theia），这可能是地球在碰撞过程中遇到最大的行星胎之一了。有科学家推断忒伊亚的质量可能与如今的火星差不多，而那时地球质量不到现在的90%。在忒伊亚撞向地球之前，其内部也产生了和地球一样的核–幔结构，随后可能受到木星或金星引力的扰动，它与地球之间发生了碰撞。

碰撞让地球的地幔被撕裂，碰撞点附近的温度最高可能超过15000K，这让其附近的岩石直接变成了蒸汽，也让地球外部1000千米厚的岩层完全变成了熔融的岩浆。忒伊亚当然也好不到哪里去，它的金属核几乎完全被地球"吃"掉，融合进了地球的地核中，地幔也几乎都变成蒸汽或岩浆，与地球的地幔交织融合在一起。

另外，从地球和忒伊亚身上都崩飞出大量的碎屑物质，形成了一个碎屑盘，围绕新生的地球旋转。它们很快就再次因为碰撞而形成了一个完整的星球，有些科学家的模拟结果表明，形成速度可能只有一年左右。这个星球就是地球的卫星——月球。

对于这次碰撞的具体时间，科学家并不是特别确定，有计算表明这次碰撞可能发生在太阳形成之后2500万~5000万年之间，我们为了方便记忆，就认为它发生在45.4亿年前吧。

科学家是怎么知道这个故事的呢？是岩石告诉他们的。长久以来，科学家对月球的来

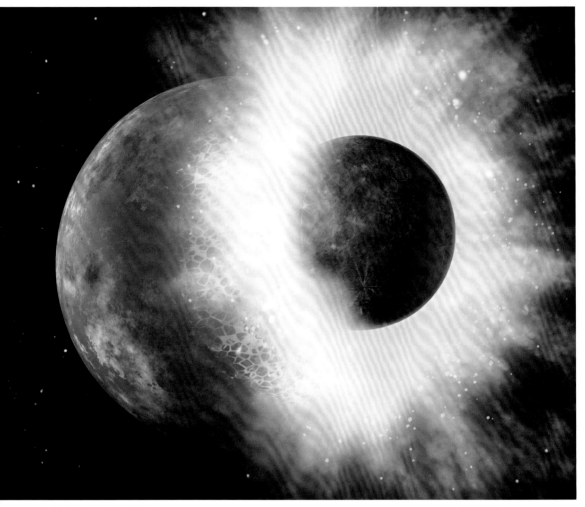

地球与忒伊亚碰撞想象图。　　　　　　　　　　　　　　　　　　　　图片来源：NASA/JPL-Caltech

历很好奇，也提出了很多假说。其中主要有三种，第一种是地月共同起源说，认为地球和月球都同时起源于星云之中，像兄弟一般共同成长，其中大的就长成了地球，小的就长成了月球；第二种是捕获说，认为月球之前在太阳系内流浪，随后被地球的引力吸引到身边，成了地球的卫星；第三种是分裂说，认为在地球形成的早期，由于地球自转速度过快，从赤道部分甩出了一大团物质，这些物质就变成了月球。

　　随着科学家对整个太阳系起源的认识加深、科学技术手段的进步和20世纪人类登陆月球后对月球岩石样本研究的深入，他们开始提出了碰撞说，这就是我们上文提到的忒伊亚和地球的碰撞。

岩石给我们的主要证据就是地球和月球岩石中氧同位素的相似性界中，氧元素存在3种能够稳定存在的同位素：氧-16、氧-17、氧-18。它们的原子核内中子数量有差异，这造成了它们相对原子质量的差异。正是由于这种质量上的差异，使得三种同位素在相同温度下的热力学性质是不一样的。我们简单理解就是，在相同温度下，相对原子质量越轻，越容易挥发，相对原子质量越重，越难以挥发。

所以如果我们把地球上的氧-17与氧-18的比例看作是1的话，那么比地球更靠近太阳的地方，由于氧-17更容易挥发，所以其比例应该就是小于1的，而比地球更远离太阳的地方，比如火星，氧-17与氧-18的比例就应该大于1。

科学家利用氧-17和氧-18这两种氧同位素的比例研究了太阳系内各行星的情况，发现各行星的氧同位素比例结果正与此理论符合。但是在研究地球和月球的岩石样本时，他们却发现地球和月球的岩石中氧-17和氧-18含量相同。除了氧同位素的证据之外，还有科学家对铬同位素、钛同位素等都进行了分析，发现地月岩石中这些同位素的特征也都是相同的。这说明地球和月球起源于相

氧-16 的原子核中含有 8 个质子和 8 个中子，相对原子质量为 16；氧-17 含有 8 个质子和 9 个中子，相对原子质量为 17；氧-18 含有 8 个质子和 10 个中子，相对原子质量为 18。在三种氧同位素中，氧-16 含量最高，约占整个氧元素的 99.76%，而氧 -17 只占 0.04%，氧 -18 只占 0.20%。相当于在 1 万个氧原子中，有 9976 个氧 -16 原子，4 个氧 -17 原子，20 个氧 -18 原子。

这是迄今为止，人类软着陆月球的探测器位置。部分探测器带回来的大量月球岩石和土壤样本，为我们研究月球起源提供了充足的材料。由于嫦娥 4 号位于月球背面，此图未标出。
图片来源：Wikipedia/Cmglee

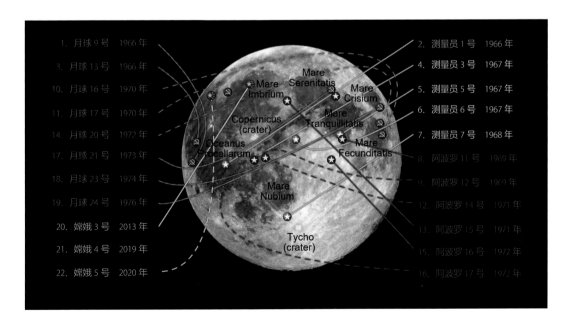

1. 月球 9 号	1966 年		2. 测量员 1 号	1966 年
3. 月球 13 号	1966 年		4. 测量员 3 号	1967 年
10. 月球 16 号	1970 年		5. 测量员 5 号	1967 年
11. 月球 17 号	1970 年		6. 测量员 6 号	1967 年
14. 月球 20 号	1972 年		7. 测量员 7 号	1968 年
17. 月球 21 号	1973 年		8. 阿波罗 11 号	1969 年
18. 月球 23 号	1974 年		9. 阿波罗 12 号	1969 年
19. 月球 24 号	1976 年		12. 阿波罗 14 号	1971 年
20. 嫦娥 3 号	2013 年		13. 阿波罗 15 号	1971 年
21. 嫦娥 4 号	2019 年		15. 阿波罗 16 号	1972 年
22. 嫦娥 5 号	2020 年		16. 阿波罗 17 号	1972 年

同的轨道上，或确实存在一次大碰撞，在大碰撞中两个星球的物质发生了非常均匀的混合。

来自岩石的证据还包括地月岩石中化学元素成分的差异。月球的岩石中缺乏诸如铷、铅、铋、砷、汞等挥发性元素，和金、银、镍等亲铁元素，却富集一些难熔的元素，如钴、铬、稀土元素等。这些证据也支持了大碰撞理论：挥发性元素因为碰撞时候的高温而挥发了，铁以及亲铁元素在碰撞中融入了地球，只有难熔的元素保留了下来。

此外，对月球磁场的探测结果也表明月球内部的金属核异常小，半径约250~430千米，仅占月球质量的1%~3%，与之相比，地核占地球质量的33%。这些研究也与月球岩石的化学成分中缺乏铁以及亲铁元素是一致的，都支持了大碰撞理论。

深远影响

这次发生在45.4亿年前的撞击虽然已经极为遥远，难以追寻其细节了，但它对我们的影响直到现在都还未消退。

第一个影响的是时间：月球让地球的自转时间逐渐变长。

有科学家认为，在大碰撞之前，地球的自转速度很快，自转一圈的时间约为2.5小时，但是在碰撞之后，地球的自转速度变慢了，自转一圈的时间大约5.5小时。而且形成之初的月球离地球可能只有4.2万千米，但是月球形成之后就不断远离地球，到现在已经离地球38万千米了。在这个过程中，地球的自转速度一直在持续减慢，地球自转的时间也就在逐渐增加，我们现在自转一圈需要24小时，再过两亿年会变成25小时。这是因为随着月球的形成，月球逐渐远离地球，地球正在不断将它的角动量转移给月球。

我们可以做一个小实验：坐在一张转椅上蜷着腿旋转，旋转的过程中伸直腿，你会发现转的速度变慢，而要是再收起腿，会发现旋转的速度变快了，这就是对于角动量最直观的理解。

第二个影响的是时节：这次碰撞让地球有了分明的四季。

在这次碰撞中，地球自转轴被撞歪23°26′，这就是我们见到地球仪都是略显倾斜的原因，而正是这倾斜的自转轴给了地球四季的变迁。

在每年3月19、20或21日，北半球是春分时节，阳光直射在赤道上，南北半球的日照时间是一样的，随后，太阳的直射点一路向北移动，最终于6月20、21或22日到达北纬23°26′，这是太阳直射能够到达的最北端，这一天就是夏至。

在移动的过程中，阳光在北半球照射的时间越来越长，北半球接收到的热量也越来越多，这就导致北半球越来越热，夏至这一天是北半球日照最长、接收太阳热量最多的一天。

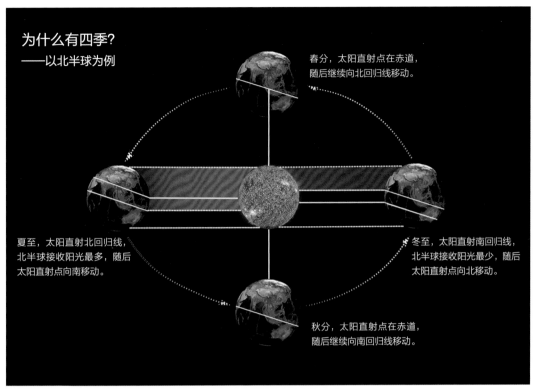

为什么有四季？
——以北半球为例

春分，太阳直射点在赤道，随后继续向北回归线移动。

夏至，太阳直射北回归线，北半球接收阳光最多，随后太阳直射点向南移动。

冬至，太阳直射南回归线，北半球接收阳光最少，随后太阳直射点向北移动。

秋分，太阳直射点在赤道，随后继续向南回归线移动。

四季的出现与地轴倾角有关系，以北半球为例，春分和秋分，南北半球受到的光照相等，夏至北半球阳光最充足，而冬至北半球阳光最少。

李星 / 绘

从夏至日开始，太阳直射点开始向南移动，北半球接受的日照时间开始变短，这时候天气也开始转凉，等到了每年的9月22、23或24日，太阳直射点重回赤道，南北半球日照时间又一样了，这一天就是秋分。

过了秋分以后，阳光直射点继续向南移动，太阳在南半球直射的时间开始长于北半球，这时候北半球越来越冷，南半球越来越热，等到了12月21、22或23日，北半球日照时间全年最短，这一天就是冬至。

第三个影响的是潮汐：月球让地球上出现了强烈的潮汐现象。

来自月球的引力是地球产生潮汐的主要原因。由于月球离地球较近，因此月球对地球产生的引力就相对较强。引力能够吸引海水，让海平面发生高低变化，这就是潮汐。

潮汐的产生对于地球的整个生物演化过程都有很大的影响，它很可能加快了生物从海洋登上陆地的进度。

03 分层的地球

大约44亿年前，地球因降温而出现分层，它们将继续演化数十亿年，成为如今我们见到的地壳、地幔、地核圈层结构。圈层结构让地球成为一颗"活"着的行星。

地月系统形成之后，发生了另外一件极为重大的事件，这就是地球的分层。在地月系统刚刚诞生的时候，无论是地球还是月球，都被撞击形成时的巨大热量所熔融，成为完全被岩浆包裹的岩浆球，这些岩浆很快就冷却，并由于重力分异而形成原始的地壳–地幔–地核三层结构。

当然，这个原始的地球分层结构与我们在现在教科书和地球模型上见到的完全不一样，但是它在随后数十亿年的时光中逐渐演化，变成了现在我们见到的地球圈层结构的模样。为什么要提到地球的圈层结构呢？因为这是推动地球及地表生命演化至今的最终力量，有了这种圈层结构，地球才是"活"着的。

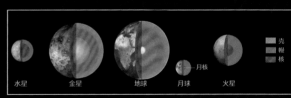

太阳系内部的岩质行星和月球均有类似的圈层结构。

图片来源：NASA

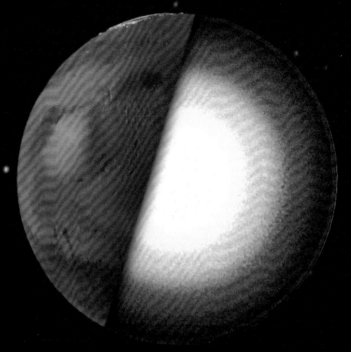

图片为火星形成时的壳–幔–核分层结构模拟，地球形成之初的情况与其类似。最外层因为直接向外界辐射热量最先冷却，幔–核处则因地壳的屏蔽而降温缓慢。

图片来源：Flickr/DLR

圈层结构的演化

大约45.2亿年前，岩浆球状态的地球表面冷却，形成了最原始的地壳。这层原始的地壳比较薄，外层黑乎乎的，最外层的岩石与我们现如今见到的那些带孔洞的玄武岩差不多，由于岩浆中含有多种挥发物质，它们会形成气泡向外逃逸，当岩浆冷却以后这些气泡就会保留下来形成满是孔洞的玄武岩，它们就是最原始的地壳成分。

但是这种地壳与现代的地壳不同，我们现代地壳分为陆壳和洋壳，陆壳多为硅铝质岩石，代表性岩石是花岗岩；洋壳多为硅镁质岩石，代表性岩石是玄武岩。所以如果按照现在的分类来看，最原始的地球地表只存在洋壳。

当原始地壳出现后，空气中的水蒸气降落到地表，形成了原始的海洋。海洋中的海水让玄武岩地壳蚀变，水能够让玄武岩中

现代熔岩流上具有孔洞的玄武岩
上图来源：Flickr/Scot Nelson
下图来源：Flickr/James St. John

最早的地表可能类似于此，岩浆中的黑色部即为凝固成岩的玄武岩。
图片来源：Pxhere

的部分物质熔点下降，导致这部分物质再次熔融，当这些熔融的物质凝固之后，就形成了原始的花岗岩。花岗岩的密度相对其他岩浆或岩石小，所以在浮力的作用下上升到最表层形成陆壳。而缺失了这部分花岗岩成分的岩浆在再次凝固，在花岗岩下方形成了新的玄武岩地壳，也就是洋壳。

　　这个变化的过程可能发生在大约44亿年前，其证据是科学家在西澳大利亚杰克山的一些年龄约30亿年的岩中发现的锆石颗粒。锆石是一种非常稳定的矿物，其折射率很高，有着类似钻石的火彩，在珠宝领域有人拿它用作钻石的替代品，不过在地质学领域，科学家主要利用它稳定的特性进行同位素研究。通过对这些锆石颗粒进行铀–铅同位素测年，科学家发现它们的年龄在44亿~43亿年前左右，这些锆石中发现的氧同位素异常，暗示着它们可能形成于陆壳之中，在古老的陆壳破碎之后，锆石颗粒成为石英岩的一部分，直到被科学家发现。自此，地球圈层的主要结构：地壳、地幔、地核基本上都已经演化形成了。

光学显微镜下的锆石颗粒，其长度为250微米，地质学家们经常使用这些微小的锆石进行同位素测年。

图片来源：Wikipedia/Denniss

个头较大的锆石常常被当作宝石。

图片来源：Wikipedia/DonGuennie - G-Empire The World of Gems - Die Welt der Edelsteine

"活"地球

　　在陆壳和洋壳形成之后，地球又经过复杂的演化，最终形成我们如今所见到的圈层及板块结构。

　　薄薄的地壳就像是一个脆弱的壳，很容易因为局部重量的差

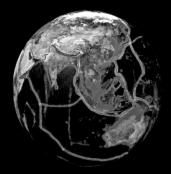
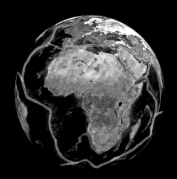
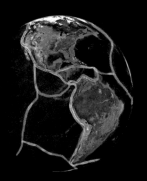

地球板块大致可以分为15个大小不一的主要板块和更多的次级板块，我们可以将其想象为破裂的鸡蛋壳。

图片来源：Pixabay/qimono，有修改

异或地幔物质的上涌而破裂，由此形成了多个板块。到目前为止，地球上还存在15个比较大型的板块，由于这些板块密度较小，所以它们是"漂浮"在地幔上的。

地壳之下的地幔则是一种炽热的塑性状态，这种塑性像是橡皮泥，平时是固定的形状，一旦受到挤压或变热，形状就会很容易被改变，而且不会再复原。如果从长时间来看，它们的表现就好像是被按了慢放键的液体活动一般。

地核不断加热地幔，产生对流，漂浮在地幔之上的地壳也就随之运动。

金书援／绘

更深处的地核密度更大，温度也更高，大约能达到6000℃，这与太阳表面的温度相差无几。

在这种圈层结构下，地核就像是一个大火炉，不断烘烤加热着上面的地幔，地幔的塑性状态可以缓慢流动，进而产生热对流。漂浮在地幔之上的固态地壳则会随着地幔的对流而运动，这就是板块运动的原理。我们吃一次火锅就能大致理解了：炉火在锅底加热，火锅汤受热后沸腾，汤表层不断翻涌，这时候要是放两片白菜，白菜就会漂浮在火锅汤上层，随着汤底的沸腾而运动，有时候相互碰撞，有时候相互分离。

不管是相互碰撞，还是相互分离，都会形成大量的火山，同时还伴有大量地震。

相互碰撞的地方被称为俯冲带，一个板块向另一个板块之下俯冲，俯冲的时候地壳中的水会使岩石熔点降低，板块的挤压、摩擦和下方的烘烤，都会导致地壳岩石部分熔融形成岩浆。由于压力大，碰撞时部分岩石会被挤压而发生破裂，从而形成地震。

相互分离的地方被称为裂谷或洋中脊，在这里，地幔物质上升时候由于压力骤降，熔点降低，从而熔融变成岩浆。这里当然因为岩石被拉张断裂而形成地震。

有了圈层结构和板块运动，地球才最终成为一个"活"着的地球。

1. 活着的磁场

当形成圈层结构之后，由于地球自转速率与地核自转速率不一致，速率之差导致地核就像一个发电机的转子一样，而地幔则类似于转子外层的线圈，这就形成了一个巨大的行星发电机。电生磁，这个知识中学物理中就有，我们甚至能利用右手螺旋定则来大致判定磁场方向——就这样，在地球外部形成了一个巨大的行星磁场，这个磁场能够起到偏转太阳带电粒子的作用，就好像是一个大大的护盾，保护着地球，直到现在。与地球相比，太阳系内其他行星都没有如此强大的磁场：水星赤道表面的磁场强度只有地球的1%；金星仅为地球的

1‰；火星甚至没有像地球这样的全球磁场，仅有区域性分布的磁场。所以，地球的磁场可能在地球及其生命的演化过程中扮演了非常重要的角色。但地球磁场并不是一成不变的，它会不断发生磁极倒转，而随着时间流逝和地核的冷却，地球磁场最终将会减弱消失。

2. 活着的生命

板块活动中，大量的火山活动不仅喷出了岩浆，还喷出了大量气体，其中绝大部分都是水蒸气，这些水蒸气就是地表水分的来源。此外，火山活动还会喷出诸如二氧化碳、硫化氢、二氧化硫等其他气体，这些气体就是地表大气成分的来源。

水蒸气凝结在地表形成了海洋，在海洋深处洋中脊或海底火山附近，则会形成大量海底黑烟囱。这些黑烟囱大多是海水顺着裂隙深入地下与岩浆接触，随后又喷出来所形成的，因此含有各类无机物。无机物在黑烟囱附近的温水中发生化学反应，形成了生命，这就是生命的诞生，也可以说是地球"活"着的一个原因。

3. 活着的山脉和海洋

由于板块运动，板块的边界或是碰撞或是分裂。碰撞就会形成高耸的山脉，分裂则会形成宽广的大洋。现今的许多山脉都是由于板块碰撞形成的，而大洋则是板块分裂形成的。地球经历过无数次山脉和海洋的形成与消亡，这个过程让地表的地貌经历着持续的变化。

这种让地表产生极大高差变化的力量源自地球内部的热对流，被称为内动力地质作用。它的作用过程非常缓慢，以我们人类有限的寿命无法观察到这些沧海桑田，不过有些过程会非常激烈，以我们能感受到的方式出现，这就是地震和火山。只要地球还在发生地震和火山活动，就证明地球还是"活"着的。

地球磁场抵御太阳风暴的艺术想象图。　图片来源：NASA

1994 年印度尼西亚龙目岛林贾尼火山爆发照片，这种火山活动是地球还"活"着的象征。　图片来源：Wikipedia/ Oliver Spalt

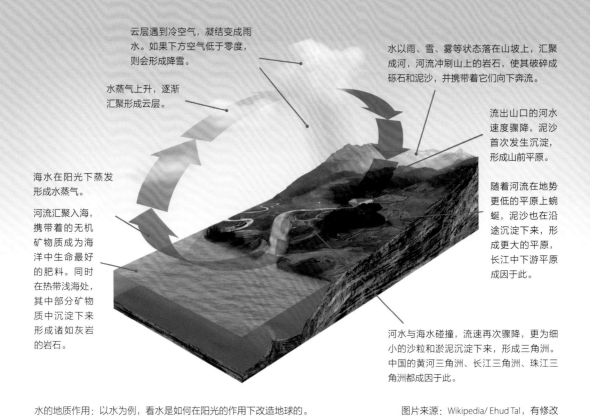

云层遇到冷空气，凝结变成雨水。如果下方空气低于零度，则会形成降雪。

水蒸气上升，逐渐汇聚形成云层。

水以雨、雪、雾等状态落在山坡上，汇聚成河，河流冲刷山上的岩石，使其破碎成砾石和泥沙，并携带着它们向下奔流。

流出山口的河水速度骤降，泥沙首次发生沉淀，形成山前平原。

海水在阳光下蒸发形成水蒸气。

河流汇聚入海，携带着的无机矿物质成为海洋中生命最好的肥料。同时在热带浅海处，其中部分矿物质中沉淀下来形成诸如灰岩的岩石。

随着河流在地势更低的平原上蜿蜒，泥沙也在沿途沉淀下来，形成更大的平原，长江中下游平原成因于此。

河水与海水碰撞，流速再次骤降，更为细小的沙粒和淤泥沉淀下来，形成三角洲。中国的黄河三角洲、长江三角洲、珠江三角洲都成因于此。

水的地质作用：以水为例，看水是如何在阳光的作用下改造地球的。　　　　图片来源：Wikipedia/ Ehud Tal，有修改

4. 活着的风和水

当地表形成了海洋和大气之后，太阳也开始发挥它的威力。太阳的照射导致地表各处升温程度不同，受热不均带来了气体的热对流，这就是形成了风；而被阳光加热的水则变成水蒸气升到空中，形成了云和雨。

无论是风还是雨，在遇到高山的时候，都会破坏高山上的岩石，将其破碎并带到山脚低洼处——这被称为削高补低。高山如果不再生长，那么最终会在风雨的破坏下变得平坦。

雨水的力量在这些力量中最为重要。发源于山峰的雨水，冲刷着山上的岩石，并在山脉中变成河流。当碎裂的岩石被河流带到低洼地带的时候，很快就沉淀下来变成了平原——这些碎裂的岩石是上好的无机肥，能够极大加快地表植被的生长速率；而更多碎屑还会被带入海洋，这些碎屑中的无机物也会大大促进海洋中藻类生物的生长。

无论是风、雨还是生物，它们的能量都来自于太阳，这种改造地表的地质作用被称为外

动力地质作用。在内、外动力地质作用之下，我们的地球才有如今的山脉、平原、河流、海洋这些多样化的地貌。

假如板块不再运动……

假如板块不再运动，这意味着地球——以及生物们——都会面临死亡。

首先出现的情况是地球磁场消失，地球的整体磁场变成分散的、局部的小磁场（因为局部地区可能还会出现岩浆活动，就像火星那样），失去了磁场保护的大气臭氧层将会很快受到强烈的太阳风和宇宙射线的影响，进而消耗殆尽，这时候地球的紫外线将极为强烈。而紫外线是一种强伤害性射线，会损伤DNA，造成细胞死亡或变异——这会造成大规模的生物灭绝。但是有没有可能，还有生物会变异，能够承受这种强烈的紫外线和太阳风？不确定。按照现代的科技水平，最终的结果就是，地球表面发生大规模生物灭绝，粮食减产，人类也会随之面临饥荒，幸存的人类可能会优先退至局部小磁场区域，但此时的人口可能也会随之大规模缩小。随着磁场继续缩小，人类继续退缩，或开始开辟地下世界，并在地下世界中存活下去——不管怎样，人类作为一个物种来说，很可能会是存活最久的生物。

其次就是地球上的水和大气将不再更新，目前来看，如果仅考虑地球引力，大气逃逸速度其实会很慢，全部逃逸所需的时间远超宇宙寿命，所以地球上的大气和水蒸气可能会一直存在；但是如果考虑磁场消失的情况，地球的大气可能会在太阳风强烈且持续地吹蚀下被慢慢剥离——所以最终的结果依然是地球上的水和大气缓慢消失，不过这个消失过程可能还是以亿年计算。

再次就是地貌的变化，如果不考虑气候变化的话，由于不再形成新的高山，太阳又继续照射地球，所以外动力地质作用不会停止，长此以往，地球上的高山会慢慢变矮，最终全部变成平地，而低洼地带则会被填满。

最后是气候变化，随着地心冷却，地表岩石被风化，而又没有继续喷发的火山补充二氧化碳等温室气体，如果不考虑人类活动，地球会开始变冷，冰盖从两极开始向赤道方向扩散，可能在大气逃逸完，或地貌被完全削平之前，地球就会被完全冻住，成为一个大大的冰球。人类在目前的科技水平情况下，可以排放出足以影响地球的二氧化碳，这可能会极大减缓地球变冷的速度——但是由于地心变冷是行星级别的事件，人类目前最多可能只是延缓这一过程，让自己存活得更长一点。

04 最古老的海洋

大约44亿~43亿年前，地球从岩浆球中完全冷却下来，岩浆中排出的大量水蒸气冷凝并降落到地表低洼地带，形成了最早的海洋。

　　如果要问地球与其他岩质行星的最大差别在哪里，可能很多人都会脱口而出：水！是的，地球与太阳系内其他岩质行星的最大差别就在于地球表面有大面积的液态水。正是因为有液态水的存在，地球上才会诞生生命，也才会有现如今这么多样化的地貌形态。

　　随之而来的问题是：地球上这么多的水从何而来？为什么只有地球上有如此大面积的水，而其他行星没有？地球上的水又是从什么时候开始存在的？随着科学技术的不断进步，科学家也开始对这些问题有了初步的认识。

宇宙中有很多水！

　　学过中学化学的人都知道，世界上的物质都是由无数微观粒子构成的，这些微观粒子被称为化学元素，在目前的元素周期表中，已经发现的元素有118种，而排第一位的元素就是氢元素（H），这是因为氢元素是所有元素中最轻的元素，只由1个质子和1个电子组成。

　　但是除了最轻这个特点之外，氢元素还有另外一个特点：它是宇宙中含量最多的元素。换个说法，宇宙中其他的所有元素都可以说是以氢元素或氢原子核为原料合成的。

　　在主流的科学理论中，我们的宇宙形成于一次大爆炸，在这次大爆炸之后5秒内，氢原子就形成了，并很快和中子结合，形成氦、锂等比较轻的原子。随后，由这些原子形成了宇宙中的各种恒星，在这些恒星中，依次发生了一系列核合成过程：氢燃烧聚变成氦，氦燃烧形成碳、氧等原子，碳、氧燃烧形成了原子质量为16~28的原子，硅燃烧形成原子质量为28~60的原子……

　　如果用一个非常简化的例子来形容，就像

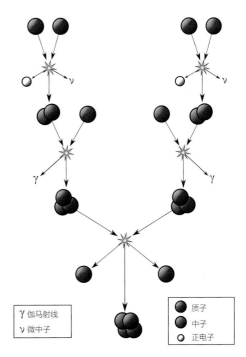

由氢元素核合成氦元素的过程。

图片来源：Wikipedia/Borb

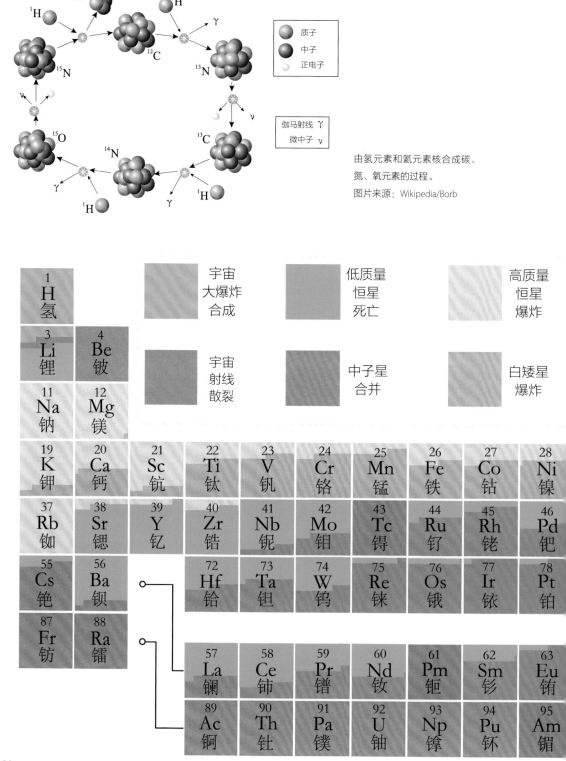

		质子
		中子
		正电子

| 伽马射线 | γ |
| 微中子 | ν |

由氢元素和氦元素核合成碳、
氮、氧元素的过程。

图片来源：Wikipedia/Borb

| 1 H 氢 | | 宇宙 大爆炸 合成 | | 低质量 恒星 死亡 | | 高质量 恒星 爆炸 |
| 宇宙 射线 散裂 | | 中子星 合并 | | 白矮星 爆炸 | | |

1 H 氢									
3 Li 锂	4 Be 铍								
11 Na 钠	12 Mg 镁								
19 K 钾	20 Ca 钙	21 Sc 钪	22 Ti 钛	23 V 钒	24 Cr 铬	25 Mn 锰	26 Fe 铁	27 Co 钴	28 Ni 镍
37 Rb 铷	38 Sr 锶	39 Y 钇	40 Zr 锆	41 Nb 铌	42 Mo 钼	43 Tc 锝	44 Ru 钌	45 Rh 铑	46 Pd 钯
55 Cs 铯	56 Ba 钡		72 Hf 铪	73 Ta 钽	74 W 钨	75 Re 铼	76 Os 锇	77 Ir 铱	78 Pt 铂
87 Fr 钫	88 Ra 镭								

57 La 镧	58 Ce 铈	59 Pr 镨	60 Nd 钕	61 Pm 钷	62 Sm 钐	63 Eu 铕
89 Ac 锕	90 Th 钍	91 Pa 镤	92 U 铀	93 Np 镎	94 Pu 钚	95 Am 镅

是曾经比较火的一个小游戏：2048。两个2合成一个4，两个4合成一个8，两个8合成16，最终合成2048。玩过这个游戏的话，我们最直接的经验就是，数字越大，数量越少，也就是说，2是最多的，2048是最少的。同样的道理，宇宙中的元素，元素丰度最大的就是氢，此后元素丰度大致随着原子质量的增加而减少。原子质量越大，合成的难度就越大，比如铁之前的元素在恒星中就能合成，但是铁之后的很多元素则需要在超新星爆炸的情况下才能形成。

按照现在的统计，以质量计算的话，在宇宙中含量最多的

当然，由于元素性质的不同、化学反应以及衰变等过程的差异，元素丰度并不严格按照这个趋势，总会有一些例外的，如锂、铍、硼等元素比相邻的元素丰度小很多，同时，原子质量为偶数的原子比邻近奇数的原子丰度大，构成了奇特的奇偶特征。

人工合成的不稳定同位素

						2 He 氦
5 B 硼	6 C 碳	7 N 氮	8 O 氧	9 F 氟	10 Ne 氖	
13 Al 铝	14 Si 硅	15 P 磷	16 S 硫	17 Cl 氯	18 Ar 氩	
30 Zn 锌	31 Ga 镓	32 Ge 锗	33 As 砷	34 Se 硒	35 Br 溴	36 Kr 氪
48 Cd 镉	49 In 铟	50 Sn 锡	51 Sb 锑	52 Te 碲	53 I 碘	54 Xe 氙
80 Hg 汞	81 Tl 铊	82 Pb 铅	83 Bi 铋	84 Po 钋	85 At 砹	86 Rn 氡

65 Tb 铽	66 Dy 镝	67 Ho 钬	68 Er 铒	69 Tm 铥	70 Yb 镱	71 Lu 镥
97 Bk 锫	98 Cf 锎	99 Es 锿	100 Fm 镄	101 Md 钔	102 No 锘	103 Lr 铹

元素周期表中前 103 种元素的来源。
图片来源：Wikipedia/Cmglee

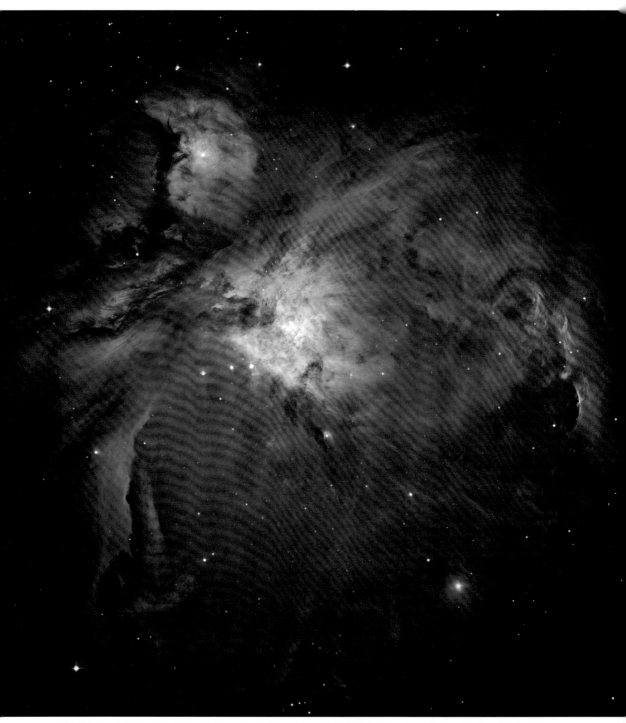

猎户座大星云全景图，这是离我们最近的一个恒星形成区，在无光污染的地方肉眼可见，因此是研究恒星诞生的绝佳目标，1998
年以来，科学家就在此星云中观察到了水蒸气的痕迹。

图片来源：NASA

前4种元素分别为：氢、氦、氧、碳。而众所周知，组成水的是2个氢原子和1个氧原子，所以从元素的角度来看，在宇宙中水是有可能广泛存在的。1934年，科学家通过计算认为，理论上在那些表面温度约2800K的恒星上，水分子是除了氢原子或氢分子之外最丰富的分子。现在的观测也证实了这一点，科学家在银河系和周边星系的星云、恒星中都观测到了有水存在的迹象。

原始的太阳星云也只是宇宙中众多星云中一团普通的星云物质，它与其他星云一样，携带着大量的水分。这些水的存在形式有很多种，最好理解的就是以水分子的形式存在，但是这种存在形式的水分子非常不稳定，一旦温度升高，它就会被赶到远处温度更低的地方。

此外，水分子还能以结合水的形式与其他物质结合，这时候它能以比较稳定的形式存在，即使是温度稍微升高，它也能够被保存下来。比如在中学化学课本中出现的胆矾，这就是一种赋存了水的化学物质，它实际上是五水硫酸铜，也就是说1个硫酸铜分子周边结合了5个水分子，硫酸铜分子周边无水的时候它是白色的粉末，但是一旦结合了水分子，就变成了漂亮的蓝色晶体。

另外，水还有一种更隐秘也更稳定的存在形式，那就是以氢氧根和氢根离子的形式存在于化合物中。我们日常见到的岩石中就有一些含有氢氧根的矿物，如角闪石、云母等，一旦条件合适，它们就能够与氢根离子发生化学反应形成水。这种存在形式

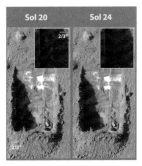

2008年美国的火星探测器"凤凰号"在火星北极附近挖掘的浅沟槽中发现了疑似水冰的白色物质。4天之后，这些物质完全蒸发了，这说明在火星的地下可能储存有大量的水冰。

图片来源：NASA

无水硫酸铜（左）和五水硫酸铜（右），水分子以结合水的形式保存在硫酸铜中。

图片来源：Wikipedia/W. Oelen, Stephanb

的水更加稳定。

在太阳形成后，由于太阳热量的驱赶，绝大部分水分子被赶到了比较远的地方。有科学家认为大致以小行星带分界，在小行星带之外，温度足够低，水分子得以冷却形成冰星子，所以太阳系大部分水在小行星带之外，它们构成了气态巨行星的核以及彗星的主要成分。在小行星带之内，水分子比较少，它们可能以结合水的形式存在于矿物之中，也可能就是矿物的化学组成之一，这样这些水才能得以在靠近太阳的地方被保存下来。

也正是由于水的存在形式多样，使得水分得以在太阳系内各个地方都能广泛存在。即使是在最靠近太阳的水星，科学家在靠近它两极的陨石坑深处也发现了有水冰存在的证据。

而离太阳更远一些的金星，其温室效应极为明显，平均温度在468℃左右，且全球温差小于10℃，这让金星地表几乎不可能存在液态水或水冰，但是在金星地表之上50~65千米的浓密大气中却有大量水蒸气，2020年9月，甚至有一个科学家团队称在金星大气中观察到了磷化氢的存在，由于在地球上磷化氢几乎全部都是生物成因的，因此这些科学家认为金星上可能存在生命，这个新闻一度引发了人们的热议，但很快就有其他科学家指出这个论文中的磷化氢数据可能是错误计算的结果。金星上到底有没有生命，

高分辨率火星彩色地图，南北极的冰盖清晰可见。
图片来源：NASA / Jet Propulsion Lab / USGS

还有待未来更多的研究，但是金星上有水这件事情却是确定无疑的。

　　火星上有水这件事情也早已被广泛认可，20世纪以来，人类向火星上发射了大量探测器，有不少探测器已经登陆火星，中国的第一颗火星探测器"天问一号"也在2021年登上了火星地表。这些探测器不仅发现了火星上的大量河谷、河流、峡谷、湖泊等流水地貌，还在火星的南北极发现了主要由水冰组成的冰盖，甚至通过地球物理手段发现火星南极的地下存

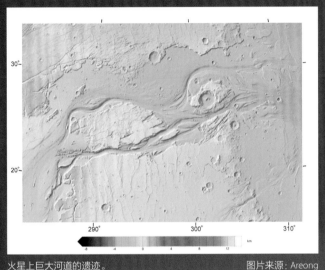

火星上的水平沉积地层，这种岩层只可能形成于液态环境中。
图片来源：NASA

火星上巨大河道的遗迹。　　　　图片来源：Areong

在一个直径约为20千米的大型盐湖。

无论是对星云的观测还是对太阳系内的探测，这些广泛分布的水都说明它们在宇宙中并不特殊，宇宙中存在着丰富的水源。

地球上水的起源

尽管我们已经确定宇宙中存在大量的水，但是科学家对地球上水的起源问题依然存在很大的争议。一般认为，地球上的水可能有三个起源：

一是来自于组成地球的星子。在地球从星子碰撞生长的过程中，这些水就赋存于星子的岩石中，由于星子的碰撞熔融，这些水也就进入了岩浆中，在岩浆再次冷却形成固态的地球外壳时，会产生排气过程，原本岩浆中的各种气体，如二氧化碳、二氧化硫等会随之排出来，其中就有大量的水蒸气。

二是来自于太阳系形成后残留的稀薄星云中。这一观点认为地球在形成的时候，离太阳过近，因此这一区域的星子含水量极少。地球形成后，不断从太阳系内残留的稀薄星云中吸积水分，这才导致了地球富水的情况。

三是在地球形成后，由太阳系外侧的冰星子，比如彗星等撞击到地球上带来的水。

曾一度有科学家认为地球上的水都来自彗星之类的冰星子，但随着对氢的同位素的测量方法的进步，这种说法逐渐被边缘化了。氢有三种同位素：氕、氘、氚。氕就是我们通常所说的氢，它也是含量最多的氢，丰度为99.98%，特点是只含有1个质子和1个电子，因此其相对原子质量为1；氘含有1个质子和1个中子，相对原子质量为2，因此也被称为重氢，丰度只有0.016%；氚含有1个质子和2个中子，相对原子质量为3，被称为超重氢。

科学家用到的主要是氕和氘两种氢的同位素，如前文所说，由于其相对原子质量不同，它们的挥发速度是不一样的，因此可以用氢的同位素的相对比例来代表它们形成时所处的太阳系内的位置。科学家计算了地球上水中的氘和氕的比值（D/H比值）、碳质球粒陨石中、彗星中，以及太阳星云中的D/H比值，发现地球上的D/H比值与太阳系"冰线"之外的碳质球粒陨石大致一致，而太阳星云中的D/H比值低于这一值，彗星中的D/H比值则高于这一值。

这个测量数据支持了地球水起源于星子的说法——换句话说，地球上的水其实起源于地球本身。不过有科学家认为地球上的D/H比值不可能在过往的数十亿年中都不曾变动过，而且在地表水中的D/H比值与地核、地幔处的D/H比值也并不一致，因此仅以现代测量到的地表水的D/H比值来判断地球水的来源是不准确的，经过估算后，他们认为可能有不到10%的水来自太阳星云，还有大约10%左右的水来自彗星，其他则是地球自身形成时就有的。

这是维也纳标准平均海洋水标准的容器，地球上的 D/H 比值是由维也纳标准平均海洋水（VSMOW）计算而来。由国际原子能机构颁布地球上水的同位素标准，因为由世界不同地区收集的水中同位素比值略有差异，为了方便进行科学研究，专门建立了这一标准。

图片来源：Wikipedia/Haiping Qi

最古老的海洋

在地球上水的起源大致确定之后，还有另外一个问题：地球上是什么时候开始出现海洋的？由于地球诞生的时代过于久远，我们只能从岩石中寻找答案了。在岩石中保留有它形成时的各种证据，这些证据以矿物的排列方式、种类和其中的化学元素等形式被凝固在岩石中。

可惜的是，我们现在能够找到最古老的岩石的年龄只有40亿年的历史，它位于加拿大，形成时离地球诞生已经过去了大约5亿年，所以它很难告诉我们更多的故事。

不过一群美国科学家在西澳大利亚寻找到了一些更为古老的东西——这就是前文提到的锆石。2001年，科学家在西澳大利亚一些年龄约33亿年的石英岩中发现了这些锆石，测年的结果表明它的年龄在43亿年左右——这可能是目前整个地球上最古老的物质了。随后，科学家对锆石中的氧同位素进行了测量，测量的结果表明这些锆石可能是由于岩浆在地表或近地表直接与水接触后形成的，这个研究说明至少在44亿~43亿年前，地球上就已经存在稳定的水环境了。由此我们大致能够推断，地球上最古老的海洋可能出现在44亿~43亿年前。

另外一些科学家则利用理论研究告诉我们，地球上的海洋可能诞生的比想象的要早很多。

在地球与忒伊亚碰撞后，整个地球被厚厚的炽热岩浆包裹，地球上空的大气中则主要是厚厚的岩石蒸汽，在岩石蒸汽的顶部

在中国发现的最为古老的岩石位于辽宁省鞍山市，它们的年龄有 38 亿年左右，是一些被地质学家称为花岗质片麻岩的岩石。而中国最古老的物质则是一些发现于鞍山、秦岭、西藏等地古老岩石中的锆石矿物颗粒，它们有 41 亿年的历史。

则可能是一些由气态硅酸盐构成的硅酸盐云层，云的温度最初可能高达2500K以上。由于温度极高，所以当时的地球从太空中看起来就好像是一个炽热的迷你恒星（可参考上一篇中的地球形象）。

很快，随着地表快速降温，在1000年内，这些硅酸盐云很快冷凝，以雨水（可以想象为岩浆滴）的形式倾盆而下，其降"雨"量可能是每天1米。当硅酸盐从大气中消失后，大气中的主要成分就开始变成岩浆中的挥发成分了，这些成分包括二氧化碳、一氧化碳、水蒸气、氢气、氮气和惰性气体等，甚至可能包括少量熔点较低的金属的气态成分，如铅、锌等。但此时地球表面依旧是赤红的岩浆海状态。

在地表温度高于2000K的时候，地表降温非常快，随后降温的速度开始减慢，这是因为大气中覆盖的厚重气体，不论是水蒸气还是二氧化碳，都是非常有效的温室气体，它们像厚厚的毯子一样覆盖在地表，当温度低于1700K之后，温室效应开始发挥作用，这使得又过了大约200万年，地表的温度才降到岩浆的熔点（1400K）之下。

原始地球想象图，这时地球上空的"云层"主要由炽热的硅酸盐云构成。

图片来源：NASA/Goddard Space Flight Center

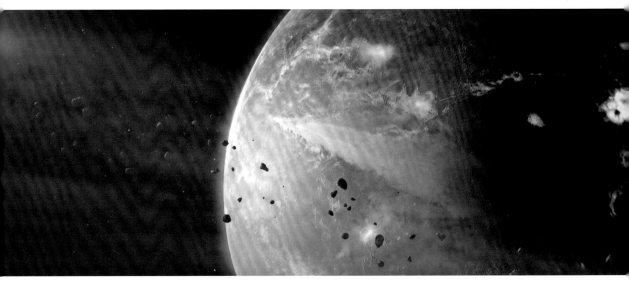

从地表固结开始，大气中的水蒸气就陆续以雨水的形式降落到地表，在低洼地带汇聚形成了最古老的海洋，这时海洋极为温暖（约500K，相当于230℃左右），这时候大气中的二氧化碳大约是100~200个大气压，如果情况一直不发生变化，那么地表将会一直处于这个温度。不过很快，海洋中就开始发生一系列化学反应，其中最重要的就是碳酸盐岩的形成。在海洋形成后，无论是雨水冲刷还是海水的直接溶解，都会让原始地壳岩石中的矿物质溶解，海洋中也得以存在大量金属离子，这让海洋也成为一个咸水水域。其中钙离子和镁离子的含量很高，这些离子会与溶于水中的二氧化碳发生化学反应，形成碳酸钙或碳酸镁沉淀，碳酸钙沉淀形成灰岩，碳酸镁沉淀形成白云岩。依靠这种化学反应，大气中的二氧化碳很快就被沉淀成为岩石，而地球也得以从强烈的温室效应中逃脱，成为一个适宜生命存活的星球。

因此，从理论研究来看，海洋可能在地月系统形成之后数百万年就形成了。也就是在44亿~43亿年前。

一旦降温到岩浆熔点之下，岩浆将会开始冷却成岩，那时的地球可能正如此图展示的一般。

图片来源：NASA/Goddard Space Flight Center

05 重轰炸事件

41亿~38亿年前，整个太阳系被无数小行星撞击，地球也不例外。撞击的证据保留在月球、金星、水星、火星等天体地表，但由于地球表面活跃的地质过程和生物过程，这些证据已经消失了。

在天文观测的手段还没有那么先进的古代，人类就开始仰望天空，猜想月球表面的模样了。仅靠肉眼观察，我们就能很轻易看出月球上至少存在两种不同类型的地貌：一种是颜色比较暗的区域，一种是颜色比较亮的区域。

伽利略时代，人们认为月球上的暗色区域就是月球上的海洋，将这种地貌称为月海，并给月球上不同的暗色区域起名为风暴洋、静海、澄海、梦湖、虹湾等；而相应的月球上比较亮的区域自然就是陆地，因此将其命名为月陆或高地。此外，用肉眼看，月球上还有一些呈现出圆形外轮廓的地貌单元，它们大小不一，有的会呈现出巨大的凹陷盆地的样子，最初人们认为它们是一些火山口。

不过现代天文观测技术发展起来之后，尤其是美国阿波罗11号登月之后，人类对月球的了解突飞猛进。我们现在已经知道，在月球上并没有海，那些颜色暗的区域实际上是玄武质熔岩，它们的矿物组成类似地球上的玄武岩，不过稍有差别，因此科学家将其命名为月海玄武岩。而颜色发亮的区域则主要是一些富含斜长石的岩石，斜长石在地球上也很常见，它们是一种浅色矿物，当它们大面积出现的时候，自然看上去显得明亮。

利用望远镜就能轻易看到月球上的月海与高地以及圆形的陨石坑。
图片来源：Wikipedia/Gregory H. Revera

通过对月球表面那些圆形轮廓的地貌进行分析并对其附近的岩石采样后，科学家确定这些地貌中的绝大多数都是由陨石撞击导致的。而更多的分析则为科学家揭开了一场发生在41亿~38亿年前月球表面的巨型灾难性事件的面纱：后期重轰炸事件（Late Heavy Bombardment，常被简写为LHB）。

美国在登月期间登陆的地方有酒海、雨海、宁静海等月海盆地，在这些地方采集的岩石样本取回地球以后，发现了一些证据。

证据之一是月海玄武岩的存在。因为形成玄武岩的岩浆密度较大，理论上讲，在月

在阿波罗 15 号任务中采集到的月表斜长岩。　图片来源：NASA

球形成早期，当它还是岩浆球的时候，这些月球岩浆应该在重力作用下分异，重的沉下去，轻的漂到月表。玄武岩岩浆本该沉到月表以下100~400千米，但是现在它却漂上来了——这说明在月表岩石凝固以后可能发生了一次撞击，这次撞击削去了这些表层的岩石，导致位于表层岩石下面的玄武岩岩浆冒出来并凝固成为月海玄武岩。

有些岩石样本是月球深处物质与月球表层物质混合产生的，这种情况很难自发产生，比较大的可能性是有小行星撞击了月球，击穿了月表岩石并深入月幔，在这种情况下，月球深部物质与浅部物质才有可能混合在一起。

岩石样本的同位素测年结果表明，这些岩石的年代在41.15亿~37.5亿年前，说明撞击发生在这期间。当然，这个事件太古老了，不同的研究人员有不同的看法，有些人认为是发生在40亿~38亿年前，还有科学家鉴定出来发生在43亿年前的撞击，当然，主流的看法还是认为这发生在41亿~38亿年前。

这些证据在向我们讲述那段曾经发生在月球上的惨烈撞击事件，很多时候这种撞击甚至还能够击穿月壳，这种撞击断断续续持续了近4亿年，让月球表面到处是月海和陨石坑。有些科学家把这次小行星撞击事件称为后期重轰炸事件或月球灾难。

而且，就我们现在在太阳系内所看到的情况而言，大规模的撞击事件可能也并不是孤立发生的，因为这种密集的陨石坑在太阳系内部普遍存在，无论是在水星、金星还是火星上，我们都能看到陨石坑的痕迹。

现代艺术家对于晚期重轰炸事件的想象图。

图片来源：Tim Wetherell

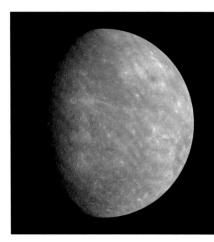

"信使号"探测器拍摄的水星照片，可以看到水星表面密密麻麻的陨石坑。

图片来源：NASA/Johns Hopkins University Applied Physics Laboratory

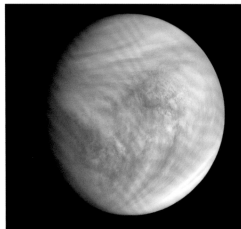

金星表面有浓密的云层覆盖，正常情况下无法看到金星地表，不过在利用雷达技术进行探测之后，我们也能发现在金星云层之下密密麻麻的陨石坑。

图片来源：左Kevin M. Gill　右NASA

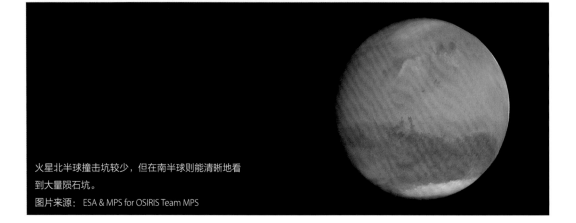

火星北半球撞击坑较少，但在南半球则能清晰地看到大量陨石坑。

图片来源：ESA & MPS for OSIRIS Team MPS

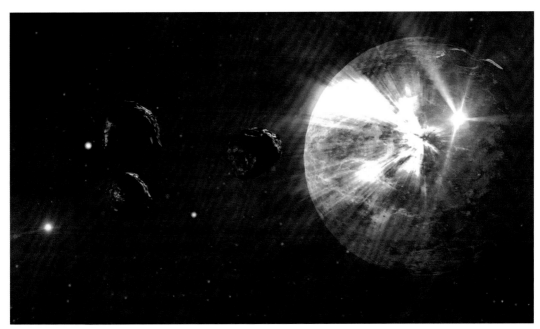

地球在重轰炸事件期间的艺术想象图。

图片来源：Pixabay/TBIT

既然在这些行星上都发生过撞击，地球没有理由不受到撞击。有人根据地球的大小推断，地球在受到撞击后，可能留下超过5个直径大于5000千米的陨石坑，超过40个直径大于1000千米的陨石坑，以及超过22000个直径大于20千米的陨石坑。只不过我们的地球上出现了活跃的地质运动和风霜雨雪的风化作用，以及最重要的——长达数亿年生物活动的持续改造，让这些陨石坑消逝在了时光之中。

关于后期重轰炸事件的原因，"大迁徙"理论给出了比较合理的解答：在太阳系形成之初，可能存在着几颗比较大的行星，2颗气态巨行星——木星和土星，3颗冰质行星——天王星、海王星以及可能存在的第九行星。

当木星与土星的轨道周期比达到2∶1后，它们引力共振而转头向外。共振的结果是木土两颗行星的相互作用，周而复始，重复加强。由于土星较小，它很快产生了显著的偏心率。这些行星刚刚形成时，可以认为它们以近乎圆形轨道绕太阳运动，这时它们的偏心率为零，随着土星受共振影响，它的轨道开始变得椭圆，这时它的偏心率就增加了，轨道越扁，其偏心率就越大。

这个共振不光影响了土星，也影响了3颗冰质行星，让它们的偏心率也变大。这种大的偏心率会导致这些行星在运动中与当时太阳系中为数众多的星子们产生作用，一部分星子因引力而被赶往外太阳系，一部分星子被赶往太阳系内部，还有一小部分则直接与这些行星发生了碰撞。随着共振的持续，其中最外层的冰质行星——也就是第九行星偏心率变得极大，被直接甩出了太阳系。这导致原本平衡的共振系统完全被破坏，整个太阳系内的星子们处于极不稳定的状态，行星遭受到了一次集中且激烈的星子轰炸过程，这就是如今我们发现所有岩质行星上都有密集的陨石坑的缘故。

不过，并不是所有的科学家都同意后期重轰炸事件这个猜想，有一个争议点在于时间。后期重轰炸事件猜想中，主要的撞击都集中发生在41亿~38亿年前，但是有些科学家认为撞击发生的时间更早；还有些科学家认为这些撞击并不是集中在某一段时间内发生的，而是在数十亿年间陆续发生的；还有些科学家则认为"阿波罗"号任务采集的岩石样本虽然是从多个不同区域采集的，但这些岩石可能都来自雨海盆地被撞击后飞到其他地方的，所以这些岩石样本自然就无法代表整个月球普遍发生的情况。

但这毕竟是发生在遥远的40多亿年前的故事了，研究这些极其古老的事情难度很大，有争议也是很正常的。不过，这个事件却象征着一个旧时代的结束与一个新时代的开始。这个结束的时代，在地质学上被叫作冥古宙。宙，是地质学上表述极大时间段的名词，地质学上以宙—代—纪—世—期划分时间阶段，就类似于我们用年—月—周—日这种分级来划分时间。

冥古宙这个名字最早于1972年被提出，源于希腊神话中的冥王哈迪斯（Hades），这一时代以地球上最古老的岩石的年龄来确定。因为岩石是地球上一切古老故事的忠实记录者，要是没有确切的岩石记录，地球上的许多事件都只是渺渺茫茫。以前，被公认的最古老的岩石年龄为38亿年，因此冥古宙在45.5亿~38亿年前。不过近些年，科学家又发现了大约40亿年前的岩石，因此将冥古宙的时间缩短了，变成了45.72亿~40亿年前。

而开始的新时代叫作太古宙。太古宙源于希腊语arcos，意为"古老的"，所以我们暂且可以把太古宙理解为"地球上古老的年代"。

第二章

太古宙

从 星 尘 到 文 明
地球演化的 32 个里程碑

06　最古老的生命

38亿年前，在地球的原始海洋中，通过化学演化过程，从无机物中演化出了生命。最确凿的生命证据是一些35亿年前的叠层石。

故乡在外星？

生命的起源是什么时候，从哪里起源的？这一直是个很有争议的问题。目前人们对于生命起源有两种看法，一种是地外起源说，一种是地球起源说。

电影《普罗米修斯》的开头讲了一个虚构的生命起源故事：一个外星人在地球上服下毒药自杀，毒药让他全身都变成微小的有机分子，随后这些有机分子自由组合形成DNA，进而演化出如今的人类。很多人可能对地球生命的起源也抱有类似的想法，认为地球生命起源于太空。当然，这只是一种最为朴素的生命地外起源幻想，也是一部分人所认为的生命地外起源说。这种说法认为地球生命起源于外星人或神。

还有一个版本的地外起源说，它认为地球上最早的生命或构成生命的有机物，是来自于其他星球或星际尘埃。注意，在这个说法里，并没有外星人的存在，科学家的观点是微生物或最初形成生命的有机物来源于宇宙。

人们不断在陨石中发现的证据似乎也在印证着这一个说法。1969年，一颗名为默奇森（Murchison）的陨石坠落在澳大利亚，科学家在这颗陨石的内部检测出了5种氨基酸；随后，人们陆陆续续从各种陨石中找到了更多的有机物，包括组成核酸的碱基等，这些有机物的种类多达数万种；2019年，有科学家宣称在阿连德（Allende）陨石中发现了核糖，这非常重要，它是RNA的组成物质；惊喜似乎还在持续，2020年2月底，科学家在陨石中首次发现

默奇森陨石，与地球上的某些暗色火成岩非常相似。　图片来源：Wikipedia/Basilicofresco

阿连德陨石，这是一种典型的球粒陨石，2020年有科学家发表论文称在编号为 Acfer-086 和 CV3 的阿连德陨石中都发现了血石蛋白，但是随后就有科学家对此表示质疑。
　图片来源：Wikipedia/Bennoro

了蛋白质，这种蛋白质被称为血石蛋白（Hemolithin），蛋白质中含有铁和锂两种元素，在蛋白质的尖端形成一种铁氧化物，可以利用光能将水分解为氧气和氢气，这个过程中产生的能量可以被生命体利用。

这些持续的发现好像确实在印证着生命起源于地外的说法。然而，如果细细推敲的话，这其中还有一些问题。

第一个问题是，陨石和地球上的同种有机物在分子结构上是存在差异的，许多都是同分异构体，分子式相同，结构不同；

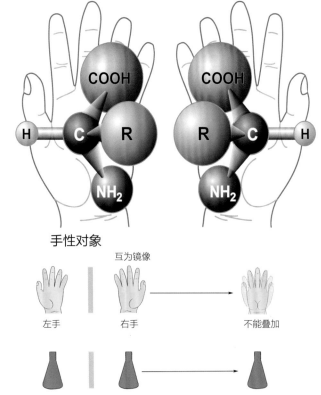

以分子式 C_3H_4 的烃类为例，它有三种同分异构体：环丙烯、丙炔、丙二烯。
图片来源：Wikipedia/Allene，Edgar181

第二个问题是，陨石中的氨基酸和地球上的氨基酸在手性上是有差异的。什么是手性呢？举起我们的左右手，掌心相对是可以贴合在一起的，但是如果掌心都向上，你就会发现此时就没办法贴合在一起了，这就是手性。在地球上的氨基酸，都只有左旋结构，但是陨石中的氨基酸则是左旋和右旋结构都有。

第三个问题是，在形成生命的化学演化过程中，可能需要较多的有机物，这些陨石能不能为生命演化提供足够的有机物？而早期地球的水热环境无疑能够稳定、大量地产生有机物，因此现

氨基酸的手性示意图，它们的结构镜像对称，但是无法通过平移重合到一起。
图片来源：上 NASA，下李星 / 绘

在的主流更相信生命起源于地球这个说法。

不过，这些在陨石中发现的有机物告诉我们，可能在整个宇宙中，有机物的形成是一件很普遍的事情，只要环境合适就有可能，有机物继续演化形成生命也并不是不可能。而且，这些有机物很可能预示着，就算是找到外星生物，它们很可能也与人类一样是碳基生物而不是硅基生物或砷基生物。

故乡在地球！

对于地球生命的起源，流传得最广，也是最经典的一个说法是，在地球诞生的早期，海水温度很高，地球的大气环境比较恶劣，经常电闪雷鸣，就在这种高温和闪电的环境下，海水中的各种无机物发生化学反应形成了有机小分子，随后这些有机小分子继续发生化学反应，装配成为有机大分子，继而形成被膜包裹的细胞结构，这就是原始生命的起源。这个理论被称为化学进化理论。

最初证实化学进化理论的要数著名的米勒实验了，这个实验在中学的课本中就有：将氨气、甲烷、氢气、水、二氧化碳等放在一个持续放电的瓶子中加热，最后冷却得到的液体中出现了氨基酸。后续的实验中，人们得到了肽、核糖、碱基等多种生命形成所必需的物质。

这些实验证明在自然条件下无机物经过化学反应是能够生成有机小分子的。虽然实验中得到的大多只是一些有机小分子物质，离形成生命还有很遥远的距离，不过科学家相信，正是这些有机小分子最终形成了原始的生命。

在理论上，从有机小分子演化为生命要经过三个阶段：

一是从有机小分子演变成生物大分子。前期形成的各种有机小分子，经过化学反应形成蛋白质、核酸等生物大分子。

二是生物大分子演变为多分子体系。生物大分子形成后，在

1957 年苏联科学家奥巴林提出了团聚体假说，他在实验中发现阿拉伯胶水和白明胶的混合溶液中出现许多大小不一的"小滴"，这就是团聚体，在实验条件下团聚体具有类似于生长、生殖的功能。

类蛋白微球体与团聚体类似，是一种大致呈球形的胶体颗粒，直径在 0.5~3 微米之间，还具备类似于细胞膜的双层膜。

米勒实验示意图：如今我们到各地的自然博物馆、科技馆内展示生命起源或生命演化的展厅都有可能见到米勒实验的示意图或装置。因为就是这个实验启示了我们，生命是有可能通过正常的化学反应得到的。

金书援 / 绘

原始海洋中通过形成团聚体、类蛋白微球体、吸附作用等方式，浓缩在一起，形成多分子体系。

三是多分子体系经过复杂的组装，出现细胞膜的结构，同时在细胞内形成遗传物质，进而演化成最原始的生命。

这些过程看起来很复杂，但对各种自然界的物理、化学反应研究得越深入，科学家就对生命的化学进化来源越认可：支配化学进化过程的，只不过是一些基础的物理、化学原理而已。

以细胞膜结构为例，我们知道，细胞是一种球形的囊状结构，囊中是细胞质，由细胞膜将细胞质和外界隔开。细胞膜由磷脂构成，磷脂分子就好像是一个火柴人，它具有两亲结构：圆溜溜的"大头"是亲水的，含氮或磷元素，两条"腿"是亲油（疏水）的，由长烃基链构成。当多个磷脂分子在一起的时候，由于它们一端亲水，另一端疏水，自然就会两两成对，亲水的"头"在外，疏水的"腿"在里，构成双层磷脂分子结构。这些双层磷脂当然不会形成无限延伸的平板结构，因为水中还有表面张力，磷脂为了将自己受到的表面张力最小化，就会团聚成球形——所以你看，在分子的两亲结构和水的表面张力作用下，天然就能形成细胞的膜结构。而且，这种情况在我们身边也非常常见，比如肥皂水中容易出现大量的泡泡，就是这种自发产生的例子之一。

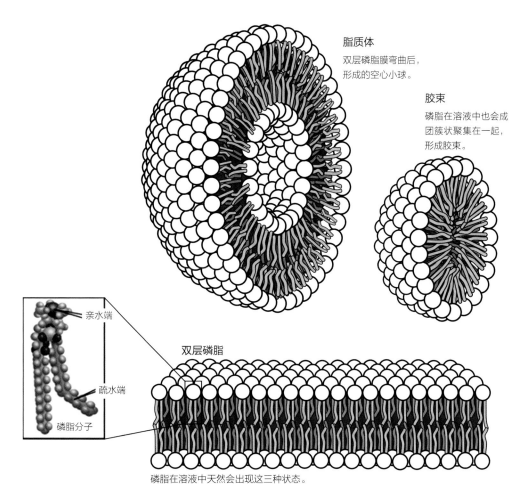

脂质体
双层磷脂膜弯曲后，
形成的空心小球。

胶束
磷脂在溶液中也会成
团簇状聚集在一起，
形成胶束。

亲水端

疏水端

磷脂分子

双层磷脂

磷脂在溶液中天然会出现这三种状态。

图片来源：Wikipedia/Mariana Ruiz Villarreal，LadyofHats，有修改

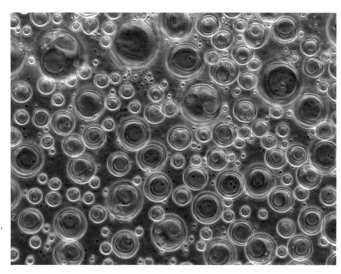

悬浮液中的脂质体，可能在遥远地质历史时期，
早期的生命就是在这种磷脂泡泡中形成的。

图片来源：Wikipedia/ArkhipovSergey

另外，原始海洋中存在的大量矿物质成分可能为这种化学反应起到了催化作用。有科学家认为，粘土矿物可能起到了吸附和离子交换的作用，在早期无机物向有机小分子变化，或有机小分子向生物大分子变化的过程中，粘土矿物起到了吸附–浓缩的功能，比如沸石内部的通道就有亲有机物、疏水的性质，这无疑会加快有机物的富集。同时，矿物晶体总是有序生长的，这些晶体在生长的过程中，吸附于晶体表面的有机物可能会在晶体的引导下产生某种有规律的自我组装现象。此外，半导体矿物还为原始生命提供了能量来源并且保护原始生命免受紫外线伤害。

地球最早的生命

在米勒实验成功后不久，科学家认为化学进化发生的地点在海水浅层，只有这里才能与闪电和各种气体直接接触，但是问题在于，那时候地球的空气中没有氧气，自然也就没有臭氧层，来自太空的紫外线和高能射线很容易就照射到浅层海水中，破坏已经形成的有机物。而且，新的观点认为原始大气主要由氮气和二氧化碳组成，只有少量的甲烷、氢气和氧气，在这种气体组合下，重复做米勒实验的时候几乎不产生氨基酸。如果真是这样的话，米勒实验将不可能发生在海洋表层。

那么有机物到底起源于哪里呢？有些人认为有机物起源于火山爆发；也有些人认为有机物起源于富硫化物溶液的原始沸腾海洋中，不过持续的科学发现让越来越多的人认识到生命其实更可能起源于海洋深处。

大西洋海底的"黑烟囱"。
图片来源：NOAA

　　1967年，美国科学家在黄石国家公园的热泉中发现了大量的嗜热生物，这些生物生存的温度通常都超过60℃，因为蛋白质超过60℃就会变性，因此在此之前人们对生物能够存活在60℃以上的环境是完全不敢想象的，随后科学家不断发现了更多的嗜热、嗜盐、嗜冷等嗜极生物，这为科学家打开了一扇门：在被传统认为不可能存在生命的极端环境下，生命也有可能存在。

　　此后，由于冷战的持续，美苏两国为了保证各自在海洋中的优势，对海底的探索程度不断加深。1977年，科学家在东太平洋的洋中脊附近发现了一个个耸立着的"黑烟囱"，这些"烟囱"高2~5米，呈上细下粗的圆筒型，还不断向外冒着"黑烟"。"黑烟"其实是温度高达350℃的含矿热液，这些热液喷涌而出，遇到周围冷的海水后发生反应沉淀而成。

　　"黑烟囱"是由于岩浆活动导致的。在大洋底部，岩浆活动经常会非常强烈，它们从洋底喷涌而出，形成一座座海底的山岭，这些山岭连起来就形成了洋中脊。在洋中脊附近，地壳薄弱，裂隙较多，海水沿着这些裂隙向下流动，在接触到这些炽热的岩浆后向上涌出，就形成了"黑烟囱"。这里温度高，酸性大，不仅含有硫化氢等有毒物质，而且没有阳光，一片漆黑，科学家在此之前并不认为这里会有生物活动。但是现实给了科学家一个大大的惊喜：他们不仅发现了生物活动，还发现了一个完整的生态系统。这里的生物生存不需要光照，嗜热细菌以热泉喷出的硫化物为能量来源制造有机物，而其他的生物则以这些嗜热细菌

"黑烟囱"附近生长的管状蠕虫。　　　　　　　　　　　　　　　　　　图片来源：NOAA

为食物维持生活。

最初科学家认为生命可能起源于"黑烟囱"附近，不过"黑烟囱"周边的海水过酸，而且它的生命周期过短，可能只有几十年的时间，这让生命难以形成。

不过科学家随后发现了"白烟囱"，这里为生命的形成提供了完美的环境。在"白烟囱"附近，海水并不与岩浆接触，而是与包裹着岩浆的炽热围岩接触。这些围岩多是富含橄榄石的岩石，当与海水接触后将海水变成100℃左右的碱性液体，这些碱性液体渗入地下后会与洋壳发生化学反应，形成氢气、甲烷、氨、硫化氢等，这些物质是形成有机小分子的主要成分。同时，橄榄石富含铁、镁等元素，这些是比较好的催化剂。

这里喷出的水流温和，让"白烟囱"结构比"黑烟囱"精细得多，其表面布满复杂的微孔结构，为生物的化学进化提供了完美的吸附和浓缩的场所；另外，"白烟囱"更加稳定，很多喷口的寿命长达几千年、数万年乃至更久，这为生物演化的化学反应提供了充足的时间。

马里亚纳海沟附近发现的"白烟囱"。　　　　　　　　　　　　　　　　　　　　图片来源：NOAA

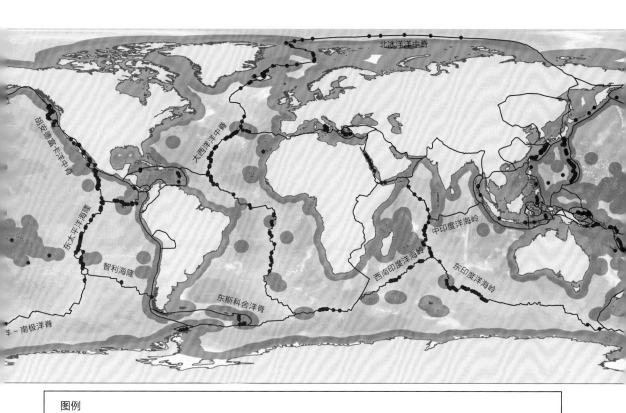

图例
- 海底热液喷口发现地　　■ 陆地　　　0m　　2000m　　4000m　　6000m　　8000m
- — 板块边界　　　　　　■ 专属经济区　　1000m　　3000m　　5000m　　7000m　　9000m

深海热泉在全球的分布情况。　　　　　　　　　　　　　　　　图片来源：Wikipedia/DeDuijn

　　无论是"黑烟囱"还是"白烟囱"，它们都被统称为深海热泉。人们在全球各大海洋的洋中脊附近都发现了大量的深海热泉，这种广泛分布的情况，也为生命的化学演化提供了更大的机会。

　　2017年，科学家在澳大利亚发现了一些高度疑似微生物化石的物质，这些物质可能生活在37.7亿年（甚至可能是42亿年）前的深海热泉附近，与如今的深海热泉微生物非常相似，这无疑为生命的深海热泉起源提供了有力证据。总而言之，生命的深海热泉起源目前成了最主流的学说。

　　那么，生命是何时出现的呢？关于生命出现的时间，一直很有争议。根据化学进化的理论来说，当地球上出现原始海洋的时候，生命可能就随之出现了，不过在42亿~38亿年前，持续数亿年的小行星轰炸已经让所有的证据荡然无存。我们目前能够找到最早的疑似生命的证据是一些硫基化合物，它们可能是生物的代谢产物，被保存在38亿年前的岩石中，但是这只是疑似的化石证据。

　　真正能够确定的化石证据被称为叠层石，这是由于单细胞的藻类生物聚集在一起生长，在它们生长代谢的过程中无机物堆积起来形成层状结构的藻席（被称为微生物藻席），藻席形成岩石后保存下来即成为叠层石。目前发现的最古老的叠层石有35亿年的历史，其发现地在西澳大利亚，这些证据证明生命至少已经存在了35亿年的时间。

　　目前世界上的很多地方都还能见到"活着"的微生物藻席，它们在遥远的未来也将会被沉积物埋藏，形成新的叠层石。最著

在中国华北地区，也有许多地方存在叠层石，不过这些叠层石的年代比西澳大利亚的晚一些，大约是 27 亿年前留下的，这是中国最古老的关于生命的证据。为了保护这些化石证据，我国在天津蓟州区建立了地质公园。

澳大利亚斯特尼湖燧石中的叠层石，其年龄约为 35 亿年。
图片来源：Wikipedia/Didier Descouens

澳大利亚鲨鱼湾还存在大量正在生长中的微生物藻席。
图片来源：Wikipedia/Paul Harrison

土耳其萨达尔湖中的微生物藻席。　　图片来源：NASA

名的"活"叠层石澳大利亚的鲨鱼湾，这里现在成了世界遗产保护区。

当然，对生命起源的研究并不止这些，还有科学家从生物演化速率方面来反推生命诞生的时间。他们的研究结果都证明，生命出现的时间很可能远远早于35亿年，极有可能在38亿年，甚至是更早的时间。在此，我们就用38亿年这个时间作为生命出现的起点吧。

最古老的生命可能起源于地球深海的海底热泉附近。　　金书援／绘

07　光合作用

至少从27亿年前开始，产氧光合作用就已经演化出来了。氧气的出现让地球进入了大氧化时代，它首先将原始海洋中的二价铁氧化成为三价铁沉淀下来，然后进入空气中，地球空气中的氧气含量也开始增加。目前地球上所使用的铁矿石中，90%都形成于这次大氧化事件中的条带状含铁建造。

阳光猎手

地球上最古老的生命可能是产甲烷古菌，它们属于化能自养型生物，主要利用深海热泉附近的氢气和二氧化碳制造甲烷，并吸收这个过程中释放的能量来维持生命和进行繁殖。

不过很快在地球上出现了新的生命形式——光能自养型生物。所谓的光能自养，就是通过光合作用的过程，利用阳光的能量生成有机物养活自己。光合作用的概念和原理，几乎每一个学过中学生物的人都很熟悉，这是一个对整个生物世界极为重要的过程。

但是光合作用是怎么出现的，又是什么时候出现的，这些问题迄今仍未得到解答。从目前的研究来看，一共存在两种类型的光合作用：不产氧光合作用和产氧光合作用。光合作用的本质很简单，就是从一些容易释放电子的物质那里取得电子，然后将这些电子塞给二氧化碳，从而制造出有机物。自然界中有许多物质都比较容易释放电子，这在化学中被称为还原性物质，如硫化氢中的硫元素、二价铁元素、水中的氧元素等。

光合作用中，阳光起到了提供能量的作用，在受到阳光的激发之后，细胞才有力量将电子从硫化氢、二价铁、水等物质中剥离出来。硫化氢、二价铁失去电子以后就会形成废弃物——单质硫和三价铁，水失去电子后就会变成废弃物——氧气。所以这两种光合作用的区别其实没那么大，只是原料不同，产生的废弃物不同而已。

由于硫化氢、二价铁等物质较容易失去电子，而水则较难失去电子，所以一部分科学家认为生物是先演化出来不产氧光合作用，然后在此基础上才演化出产氧光合作用；不过另一部分科学家认为这两种光合作用几乎是同时演化出来的，产氧光合作用由于较难进行，所以其实是一种备份，生物在不产氧光合作用不畅的时候才会开启（如硫化氢、二价铁等原料不足的情况下）。

那么光合作用是什么时候出现的呢？科学家对此的争论也很大。有一些科学家利用化石和化学残留物的证据研究了一种古老的能进行产氧光合作用的生物——蓝藻。蓝藻虽然被称为藻类，但它其实是一种细菌，因为它们经常聚集在一起成为丝状，生物学家最开始误认为是藻类，将其命名为蓝藻，这个名字也就一直用到了现在。这些研究的结果表明，蓝藻可能最早在27亿年前就出现在地球上了。蓝藻是目前地球上已知的最早的产氧光合自养微生物，是地球早期大气中自由氧的唯一生产者。而且后期植物中的叶绿体也可能是由于某种生

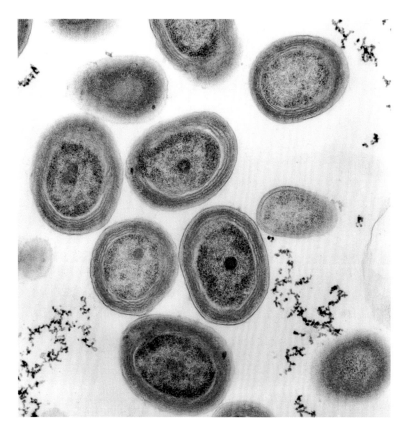

海洋原绿球藻，蓝藻的一种，它们是地球上最大的生产者，贡献了地球上最多的氧气和最多的生物量。

图片来源：Luke Thompson, Nikki Watson

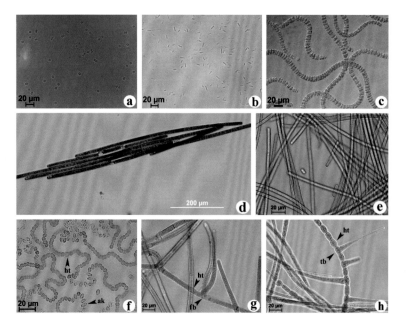

蓝藻既可以以单细胞的形态生活，又可以聚集成菌落，其菌落形态也各有不同，有些类别的蓝藻有营养价值，我们也耳熟能详，比如发菜、螺旋藻等。

图片来源：Alberto A. Esteves-Ferreira，João Henrique Frota Cavalcanti，Marcelo Gomes Marçal Vieira Vaz, Luna V. Alvarenga，Adriano Nunes-Nesi and Wagner L. Araújo

物"吃"掉了蓝藻之后并未将其消化而与之共生所形成的，从某种意义上讲，蓝藻也是现代植物的起源之一。所以蓝藻被认为是自地球形成、生命起源之后最重大的创新性生物进化事件之一。因此，研究蓝藻的起源对研究产氧光合作用的起源有着重大的意义。

　　还有科学家在32亿年前的页岩中发现了丰富的干酪根，它们沉积在厚达数百米，绵延数百千米的海底，而且其中几乎没有硫和铁的存在。干酪根是一种由沉积作用形成的有机质，几乎只可能由生物沉积形成，而且由于缺硫和铁，所以可以充分证明在此发生了产氧光合作用，否则其中将会存在大量的硫和铁。

　　有些科学家利用化石证据进行了研究。他们在年龄为35亿年的叠层石中发现了锥状的向上突起，而且在锥状的尖端附近还发现了小型空洞。科学家将这些解释为光合作用细菌的趋光性所致，那些小型空洞就是光合作用的时候向外释放氧气的气泡所残留下来的，此外，在这些叠层石附近还发现了比较丰富的硫酸盐和黄铁矿。如果这些研究得到确定的话，那么就可以将不产氧光合作用的时间推到至少35亿年前。

　　另外还有些科学家利用碳的同位素差异来判断光合作用出现的时间，自然界中主要存在三种碳的同位素：碳-12、碳-13、碳-14，其中碳-12是最多的一种碳的同位素。在没有光合作用的情况下，碳-12与碳-13的含量之比相对恒定，但是当光合作用出现之后，由于生物会摄入二氧化碳，且碳-12比碳-13轻，因此生命活动过程中会优先使用碳-12构成的二氧化碳，从而造成碳-12的富集，这时碳-12与碳-13的比值与无光合作用时候的比值是不同的，如果在岩石中发现了这种异常，就能够从侧面说明很可能有光合作用存在了。而最早的证据可以追溯到38亿~35亿年前左右，也就是说生命诞生以后不久光合作用就出现了。但是这种证据并不直接，在极少数天然条件下也可能发生这种情况，所以也受到很多的质疑，这个证据只能用作佐证。

蓝藻在现代依然广泛存在于池塘和沼泽地，我们取一管水，大概率能够看见它。我们也许都听说过富营养化，富营养化后的水体看上去绿油油的，其中就有很大一部分是蓝藻。这种微生物现在看起来毫不起眼，但是如果把时间尺度放到整个地球历史上看的话，蓝藻实在是了不起的生物。它们的出现改变了整个地球的环境，并可能是植物中叶绿体的来源，从这个角度来看，说它是现代地球生物圈的幕后推手也不为过。

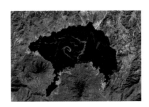

危地马拉阿蒂特兰湖中的蓝藻。
图片来源：NASA

2005年北京动物园的富营养化。
图片来源：Wikipedia/shizao

但是不管光合作用的时间发生在38亿年前、35亿年前、32亿年前还是27亿年前或更晚一些，最终的结果就是产氧光合作用逐渐占据了主导地位，氧气作为一种废弃物开始被大量排放到海洋中。由于原始的生命都是一些未曾接触过氧气的生物，氧气对它们而言是一种剧毒的物质，伴随着氧气的排放很可能发生过一次不为人知的大灭绝现象。

现代叠层石表面光合作用时释放的小气泡。

图片来源：Flickr/Phil Whitehouse

大氧化时代

太古宙的海洋和天空与如今截然不同。

首先是极度缺氧，这导致海洋和天空中存在很多还原性的物质，比如，在海水中大量漂浮着的二价铁离子使当时的海洋可能呈黄绿色。如果家里养栀子花的话，要想让栀子花苗壮成长，就需要时不时补充一点硫酸亚铁肥料。买来的肥料往往是颗粒状的，我们将其溶解到水中后，水里就会出现特殊的黄绿色，这可能就是当时表层海洋的颜色了。

其次是酸，无论在陆地还是海底，在这期间都正在经历大规模、长时间的火山喷发和海底热液喷发。这种喷发带来了大量的酸性、还原性物质，如二氧化硫，这使得当时的海水是酸的，酸

注意是表层海洋而不是整个海洋，有科学家认为在这个时候，深层海水实际上还是缺氧的。在这种缺氧环境下，厌氧微生物的生命过程产生了大量硫化氢，硫化氢与深层的铁元素反应会形成硫化亚铁沉淀，从而阻断了深沉海水中铁向表层海水中的运输。

硫酸亚铁溶液的颜色，其中的绿色来自于亚铁离子，考虑到还有其他杂质离子，当时的海水可能就是一种黄绿色。

图片来源：Wikipedia/Leiem

碱度pH值大约为3，虽然酸碱度和口感之间没有必然的联系，不过如果大家感兴趣的话，可以试着喝一口醋或吃一口酸苹果，它们的pH值也在3左右。

最后就是危险，这种环境对生命极度危险。没有氧气的地球，也就意味着没有臭氧层，而臭氧层是吸收紫外线的一把好手，没有臭氧层的原始地球，等于完全暴露在紫外线的面前。还记得紫外线灭菌灯的原理吗？这是因为紫外线是一种高能射线，能够轻易破坏RNA和DNA的结构，快速杀死生命。35亿年前的生命，和我们现在要杀的细菌没啥区别，甚至还要弱小不少，因此那时候的地球表面对于生命来讲就是绝境，各种生命不得不依靠周围的海水才能够保护自己。

随着产氧光合作用的出现，这种对生命极不友好的情况逐渐得到了改善。产氧光合作用最初可能只是聚集在海洋中的少数地方，它们在这些地方进行光合作用，产生的氧气逸散到周边的海水和空气中。这种聚集区就好像是沙漠中的绿洲一样，只有在聚集区周边才有比较充足的氧气，离聚集区越远，氧气越稀薄，科学家把这种状态称为"氧气绿洲"。

在这些氧气绿洲附近，表层的海水中开始溶解大量氧气，这些氧气迅速与飘荡着的二价铁离子发生化学反应，把这些铁变成三氧化二铁（赤铁矿）或四氧化三铁（磁铁矿）。这些被氧化的铁快速沉淀到海底，形成条带状的岩石，这些含有铁的条带状岩石被称为条带状含铁建造（Banded Iron Formation，简称BIF）。

条带状含铁建造，其中红色部分就是铁元素富集区域氧化后形成的。
图片来源：Graeme Churchard

铁矿并不全部与生命活动有关，很多铁矿是由火山活动形成的，只不过微生物活动造就的铁矿最广泛，铁矿品位也最高。此外，BIF也并不全部由产氧光合作用产生，还有可能由不产氧光合作用产生，生物从二价铁中获得电子，将其转变为三价铁，这也能够制造出少部分BIF。科学家认为那些早于25亿年前的BIF中就有一部分是由不产氧光合作用产生的。

随着产氧光合细菌繁殖扩散，它们开始让整个表层海洋中的二价铁离子都被氧化成磁铁矿或赤铁矿沉淀到海底，这些沉淀到海底的铁如今形成了遍布全球的铁矿资源并占世界上富铁矿储量的60%~70%，占全球铁矿产量的90%以上，而在中国，这类铁矿的探明储量占全国铁矿总储量的50%以上。

当然，从条带状含铁建造的出现情况也能侧面反应产氧光合作用的变化过程：在35亿~25亿年前，海水中的溶氧量处于缓慢增加的状态，海水中的溶氧量与铁离子的沉淀量是成正比的，溶氧量越大，沉淀的铁离子就越多，因此铁矿石的品位就越高，科学家通过分析不同时代的含铁建造中的铁矿品位，发现铁矿的品位在25亿年前到达顶峰。

表层海洋中的铁离子是一道屏障，它与氧气的化学反应阻止了氧气向空气中扩散。但是从大约25亿年前开始，表层海洋中的

中国的铁矿相对少，品位低，这是否说明了中国不是古菌的主要聚集区呢？

其实不然，大规模高品位的含铁建造形成条件是比较严格的，需要保持超过百万年的稳定构造；水要足够深，避免海底扰动；沉积盆地的几何形状能够使大洋深处的水体通畅进入和流出；开阔海底存在大型热液系统；要有成层海洋的存在，这样大量溶解在海水中的二价铁离子可以从海底热液系统迁移到远处的沉积中心。

所以，就算是古菌聚集区，也并不一定意味着就有大量的含铁建造形成。

全球条带状含铁建造类型的铁矿分布图。

图片来源：参考文献 [42]，有修改

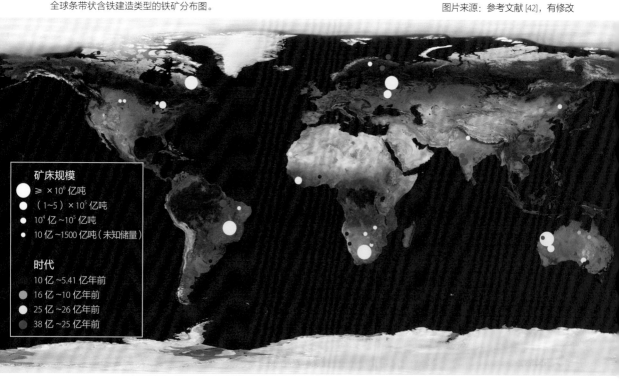

矿床规模
○ ≥ $\times 10^6$ 亿吨
○ （1~5）$\times 10^5$ 亿吨
○ 10^4 亿~10^5 亿吨
· 10 亿~1500 亿吨（未知储量）

时代
10 亿~5.41 亿年前
16 亿~10 亿年前
25 亿~26 亿年前
38 亿~25 亿年前

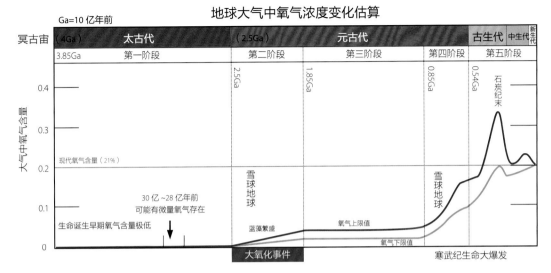

地质历史上氧气含量增加的过程。

图表来源：Wikipedia/Heinrich D. Holland，有修改

铁离子逐渐消失，再也没有什么能够阻挡氧气进入大气中了，从这时开始，地球大气中的氧气含量开始增加。

随着氧气进入大气，整个地球开始出现巨大的变化。从非生物的角度来看，地球上目前已知有大约4500种不同的矿物，其中2/3左右都形成于地球被氧气充填之后，如漂亮的孔雀石、绿松石、蓝铜矿等，与地球相比，其他的岩石行星上就没有如此众多的漂亮矿物。此外，氧气的出现让地球上空出现了一层薄薄的臭氧层，它们抵挡了来自太阳的强烈紫外线，为未来生命在陆地上的自由生活提供了条件。

从生物的角度来讲，氧气含量增加就像给地球上的生命松开了演化的枷锁。氧气和有氧呼吸的出现，让生物运动得更快，长得更大——这无疑让生存的竞争更加激烈了，这种激烈的竞争又反过来让生物演化得更快。

综合多方面的证据后，一些地质学家认为产氧光合作用至少在27亿~25亿年前就开始出现了，不过产生的氧气一直被海洋中的还原性物质拦截，因此并未出现在大气中。到了大约25亿年前，光合作用产生的氧气量大大超过了海洋的拦截量，氧气开始逐渐出现在大气中。从大约24.2亿年前开始，大气中的氧气含量飙升到目前含氧量水平的1%~10%，让地球的大气也开始逐渐变成氧化环境。科学家将24.2亿~23.2亿年前的这次氧气含量快速增加的事件称为大氧化事件（Great Oxygenation Event，简称GOE）。

光合作用出现后，氧气首先与海洋中的铁离子发生化学反应，形成了厚厚的含铁建造。　　　　　金书援/绘

第三章

元古宙

从 星 尘 到 文 明
地球演化的 32 个里程碑

08 第一次雪球地球事件

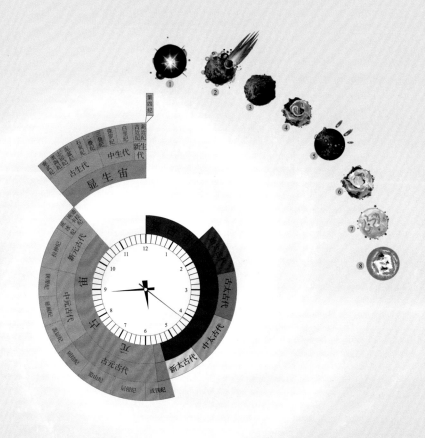

大约从24亿年前开始，地球进入了一次巨大的冰期，高峰时间整个地球都可能被冰层覆盖，成为雪球地球。这种状态一直持续到大约21亿年前才逐渐恢复正常。

个人努力与历史进程

生命从大约35亿年前诞生开始到大约27亿年前，经历了极为漫长和缓慢的演化过程。它们的外貌仿佛从未改变，依旧是单细胞的形态，不过它们的内部却发生了极具革命性的改变——有氧光合作用。这种改变让肉眼难见的微生物利用水和二氧化碳产生氧气，从大约25亿年前开始，它们产生的氧气逐渐大规模释放到全球的海洋和大气中，深刻改变了海洋和大气的环境，科学家将这一事件称为大氧化事件。

往后的剧本似乎应该是生物迅速适应氧气环境，并开始进行有氧呼吸，在有氧呼吸释放的剧烈能量下展开激烈的生存竞赛，于是物竞天择，物种迅速演化……不！实际情况并非如此。

真实的情况是，生命与地球之间还未互相熟悉。巨量氧气快速涌入大气中，地球的气候产生了剧烈的波动，还一度让地球几乎全被覆盖上厚厚的冰层，成为一个"雪球"。

地球真的是一个非常复杂且精密的系统，在这个系统中，任何微小的变化都有可能成为系统失衡的导火索。地球原本的环境中存在大量的二氧化碳、甲烷等温室气体，其中甲烷的温室效应极为突出，它造成的温室效应是二氧化碳的21倍左右，在大约32亿年前的远古地球上存在着含量可能是现在100倍以上的二氧化碳和甲烷，这就导致了尽管那时候太阳光照比现在暗淡20%~30%，地球上海洋中海水的温度也能达到80℃。

但是氧气的出现改变了这一情况。氧气在氧化了海洋之后，就进入空气中，将空气中的大量甲烷氧化为二氧化碳。而同时，生物的光合作用实际上也是一个消耗二氧化碳的过程，生物在光合作用下消耗二氧化碳将其变为有机质，当生物死亡后这些有机质就会被埋藏在海底，最终变成岩石的一部分，这样，二氧化碳也开始大量消失了。甲烷和二氧化碳含量的双双降低让地表的温室效应减弱，地表开始降温。

除了生物的自身努力之外，可能还有一种力量起到了推波助澜的作用，这就是板块运动。

科学家认为，地球出现圈层结构以后，地表就已经开始出现大陆了，这些陆地最早起源于大概35个 "陆核"，它们都是随着地球冷却而固结，并漂浮在地幔之上的小陆块。随着这些陆块的相互拼合，它们开始形成原始的超大陆。目前大多数科学家都比较认可的超大陆是出现于27亿年前的凯诺兰大陆，但是从25亿年前开始凯诺兰大陆就逐渐裂解，最后变成至少三大块。

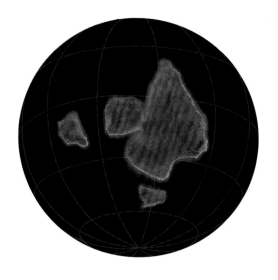

24.5 亿年前凯诺兰大陆分裂后的想象复原图，据参考文献 [46] 绘制。

大陆的裂解使地壳处于不稳定的状态，陆地和海洋中的地壳会出现大规模的火山活动。有一种从火山中溢流出来的岩浆被称为玄武岩岩浆，它在冷却之后就形成了玄武岩。玄武岩是一种黑色的，易于风化的岩石，风化过程也会消耗大量的二氧化碳。用方程式可以这样表示：

$$CaSiO_3 + CO_2 = CaCO_3\downarrow + SiO_2\downarrow$$ （$CaSiO_3$代表岩石的成分）

凯诺兰大陆分裂后，大部分陆地可能处于赤道附近，这里气候湿润，风化作用强烈，这造成二氧化碳含量大量降低。

另外，大陆的裂解过程可能为生命的繁盛提供了必要的物质条件，极大地促进了生物的繁殖。裂解中的超级大陆形成了面积广阔的浅海环境，浅海是微生物生长的主要区域，在这里能够得到陆地物质源源不断的补给，河水和海浪携带着大量的岩石碎屑和岩石溶解形成的无机物到达浅海，为微生物提供了足够的营养物质。同时，在这些区域可能形成了区域性的上升洋流，由于陆源营养物质会迅速沉淀；上升洋流则能够将这些沉淀下来的物质再次从深部带到海水表层中，持续为微生物的光合作用提供营养。因此地质学家往往在大陆裂解期间会发现广泛分布的富含有机质的黑色页岩，这些都是微生物繁盛的体现。

在更古老的时候，地球上可能也出现过其他的超大陆，3.6 亿年前可能出现过一个叫作瓦尔巴拉的超大陆，随后它又裂解，并在 31 亿年前左右，出现了一个名叫乌尔的超大陆。

虽然在大陆裂解的过程中也有剧烈的火山活动，但是那时生物活动和风化作用所消耗的二氧化碳的速率可能大大超过了火山活动产生二氧化碳的速率。就这样，地球上的甲烷和二氧化碳这两种重要的温室气体双双下降，结果导致地球迅速降温。降温的地球首先在两极出现了冰川，这让地球的降温过程进入一种恶性循环中。

恶性循环与地球拯救者

地表的物体在阳光下既会吸收阳光能量也会反射一部分阳光能量，我们把它们反射的和吸收的阳光能量的比值称为反照率，全吸收的反照率为0，全反射的反照率为1。在地球表面，陆地的反照率约为0.2，海水的反照率约为0.1，而海冰的反照率则高达0.5~0.7，也就是说，在这些地表物质中，冰吸收的阳光能量是最少的。

由于地球上超级大陆的裂解和有氧光合作用生物的迅速繁荣，从24亿年前开始，地球上的温度已经降低到两极开始出现冰川的程度。一旦冰川从两极开始出现并逐渐蔓延，恶性循环就开始了：海冰增加—吸收阳光能量减少—气温降低—海冰增加……就这样，地球平均温度很可能在几百万年的时间内降到-10℃，极端的时候可能到达-50℃，这时整个地球基本上都被冰雪覆盖，进入了一个超级大冰期，科学家将之形象地称为"雪球地球"。

这次全球性大冰期最直接的证据来自一种被称为冰碛岩的岩石。"碛"是沉积的意思，冰碛岩就是由冰川形成的沉积岩。这种沉积岩与一般流水形成的沉积岩有很大不同，后者是流水携带着岩石碎屑在水中碰撞、摩擦，然后沉淀下来的。因为流水的携带能力在同一地点都一样，所以在同一地点沉积下来的岩石一般个头差不多，而且被或多或少磨圆，现在最常见到的流水成因的沉积岩就是鹅卵石和沙滩了，如果仔细观察的

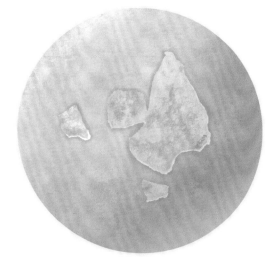

雪球地球期间地球想象复原图。　　金书援/绘

话，就会发现它们都是如此，大小相似，也没什么棱角。

冰碛岩冰川沿着山坡流动时，坚硬的冰层刮削沿途的岩层，将大大小小的岩石碎屑冰冻在冰层中，然后把它们运移到山脚下冰川融化的地点后堆积下来。所以冰碛岩与普通沉积岩有很大差异，它们个头大小不一，棱角分明。

地质学家在南非、北美、北欧等地的23亿年前形成的岩层中发现了冰碛岩的迹象，而根据地磁学的研究，发现这些岩层在23亿年前大多都处于赤道附近——这些证据说明在23亿年前的赤道附近出现了大规模的冰川活动。赤道地区如此，那么更高纬度的地方只可能温度更低，因此科学家推断当时的地球可能是一个完全或大部分被冰层包裹的"雪球"状态。

除了冰碛岩这个直接证据之外，还存在另外一些生物和岩石证据，这些证据分别通过碳和氧的同位素表现出来。

在自然界碳元素同时存在碳-13（^{13}C）和碳-12（^{12}C）两种稳定同位素，其中碳-13含量为1.11%，碳-12含量为98.89%，这两者的标准比值$R_0 = {}^{13}C/{}^{12}C = (11237.2 \pm 90) \times 10^{-6}$，但如果有扰动，碳-13与碳-12的比值将会发生改变，这时候计算出$R_1 = {}^{13}C/{}^{12}C$，一般定义$\delta^{13}C = (R_1/R_0 - 1)$，在正常无扰动时$\delta^{13}C$为0。

当生物进行光合作用时，会优先利用含有碳-12的二氧化碳制造有机物，从而使碳-13的含量相对升高，这时候$\delta^{13}C$为正。但是在寒冷的气候下，那些冰期之前就已经沉淀于海底的有机质被硫酸盐氧化形成二氧化碳，这些富含碳-12的二氧化碳溶于海水中，形成大量碳酸氢根，碳酸氢根在冰期后被带到海洋表层并形成大量富含碳-12的碳酸盐岩，这些碳酸盐岩的$\delta^{13}C$将会出现负值。

也就是说，如果地球没有发生过雪球地球事件的话，地球上的海洋没有因冰层覆盖而与大气隔开，大量浮游生物生活在海洋中，$\delta^{13}C$为正值。但是科学家在全球的碳酸盐岩中检测到的结果却表明，几乎在同一时间段内，$\delta^{13}C$出现了负值。这说明在这段

地球磁场在地质研究中非常重要。以现代的地球磁场为例，它就好像是一个条形磁铁，磁感线从磁北极出发汇入磁南极。

金书援 / 绘

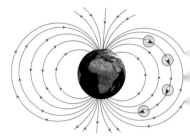

这些磁感线在赤道是与地面平行的，在南半球的方向是斜向上的，在北半球的方向是斜向下的，而且在不同的经度其指向不同，在不同纬度上倾角不同——在南北两极干脆就是90°垂直于地面的。

也就是说，在现代，我们只需要用一个小磁针，读出小磁针的指向和倾角就能够大致反推出当地的经纬度。

在海水、湖水等水体深处沉积下来的沉积物中有一些是带有铁磁性的，所以会像小磁针一样被当时的地球磁场磁化，并且按照当时的磁感线方向和倾角沉淀下来并被固结成岩。只要研究这些铁磁性物质的特性，就能知道当时这些物质所处的地理位置。这就是地磁学在地质研究中的一个简单应用。

冰川脚下的冰碛物，可以看到这些冰碛物大小悬殊，形态各异，还棱角分明。　图片来源：Wikipedia/Wilson44691

时间内有机碳被氧化的量远大于有机碳形成的量，这只有一个解释——海洋微生物在这段时间内大规模灭绝了。而全球性的冰川事件则是这一海洋生物大规模灭绝的最好解释。

氧同位素也与此类似，氧同位素的δ值也会出现波动，其负异常往往与寒冷气候或大陆冰川融水有关，能够从侧面反映古大陆的降温或冰川活动。

根据对全球各地的冰碛岩、同位素的测年和研究，科学家认为这次冰期大约从24亿年前开始局部出现，约在22.9亿~22.5亿年前进入高峰时期，在这4000万年的时间内几乎全球各地都出现了冰川的证据，然后又断断续续在局部出现，一直持续到约21亿年前。因为这次大冰期最早的证据发现于美国休伦

河流所形成的卵石与冰碛物截然不同，它们大小相似，还被磨得浑圆。　图片来源：Flickr/L Church

湖畔，因此在地质学上把这次冰期称为休伦冰期，或者是休伦冰川事件。

我也愿意把这次事件看作是一次鲜为人知的生物大灭绝事件。比起往后的几次生物大灭绝，这一次事件可能让地球上绝大部分的生物就此灭绝（虽然它们只是微生物），并且让演化历程停滞了数亿年之久。在严酷的漫长寒冬中，才兴盛了没多久的光合作用生物因为寒冷、冰雪覆盖而大规模死亡。

不过好在地球上还有火山活动，火山附近的高温让少部分海域免于被冰层覆盖，成为部分微生物的避难所。此外，火山持续喷出的二氧化碳和甲烷也逐渐在大气中积累，让大气中的温室气体含量重回正轨。

雪球地球期间，整个地球可能都被冰层覆盖，只有在海底火山附近，才存在小范围的温暖水域，成为原始生命的避难所。　　金书援 / 绘

09 真核生物出现

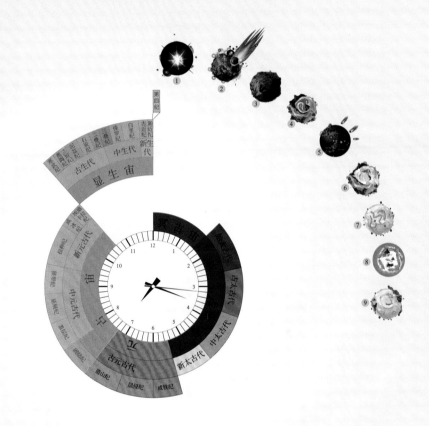

大约从 21 亿年前开始，地球从史无前例的巨大冰期中恢复了过来。正是由于解冻后地球迅速繁盛以及大气中的氧气含量升高，一些古菌"吃掉"了其他的细菌，并与这些细菌在细胞内共生，从而演化出真核生物。真核生物出现的时间大约在 18 亿年前。

冰后的繁盛

大约21亿年前，地球刚刚从史无前例的大冰期中恢复，生命又重新繁盛起来。当然，这里的"繁盛"与我们现在的直观想象不同，并不是"海阔从鱼跃，天高任鸟飞"，或"几处早莺争暖树，谁家新燕啄春泥"这种整体环境都生机勃勃的繁盛。相反，那时的地球依旧是一片荒芜。

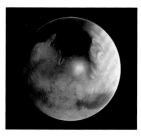

艺术家对于火星有水后的想象图：当时的地球，除了陆地形态与之不同外，看上去可能与这张图非常类似。

图片来源：ESO/M. Kornmesser/
N.Risinger (skysurvey.org)

陆地上虽然有了河流、湖泊等与现代一样的地貌，但更多的是大面积的戈壁与沙漠，除此之外别无他物。当时地球上大气中氧气含量极低，且距生物登上陆地还有十多亿年的时光，所以那时候的陆地极有可能与现今的火星地表一般荒凉沉寂。

要寻找这些旺盛生长的原始生命，还得到蔚蓝无际的海洋中去，而且最好是有河流入海口的浅海。在覆盖着地球的冰川消失后，冰川融水携带着大量的陆源营养物一路奔流入海，将入海口附近的海水变成极为适合生物生长的营养池。

这些单细胞状态的微米级原始生命肉眼不可见，不过它们可能会聚集在一起生长，就像现代的蓝藻一样，变成细长条或团簇

22 亿～19.5 亿年前可能的地球海陆分布，那时地球已经逐渐解冻，但陆地上依旧荒芜，生命都在海洋中。　　金书援 / 绘

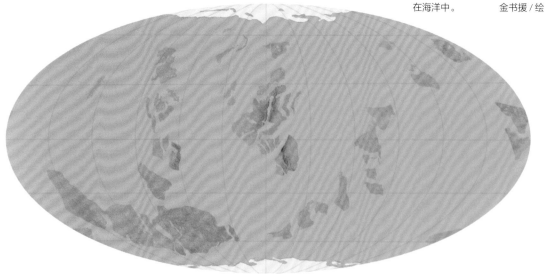

状生长，细胞中的叶绿素反射阳光中的绿色光波，让一整片海域都显示出浓重的绿色。这种场面现在也非常常见，它发生在淡水水域中的时候被称为水华（藻华），发生在海洋中的时候被称为赤潮。这是水体富营养化后水中的浮游生物大量繁殖所导致的现象，在现代水华中蓝藻就是其中重要的组成部分，而蓝藻可能在27亿年前就已经出现了，所以在大约21亿年前的海洋中见到它们也毫不意外。

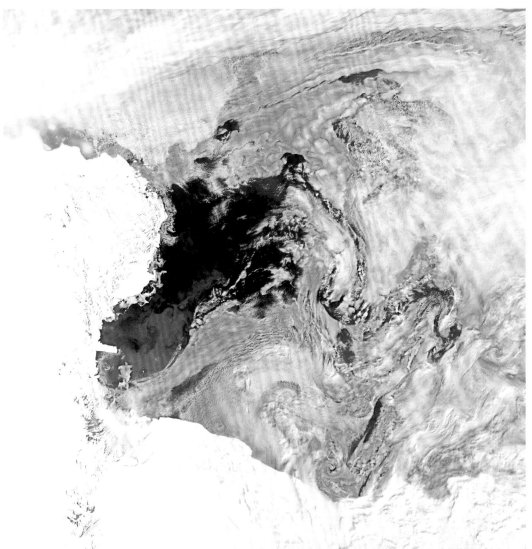

这张图是 NASA 于 2011 年在南极附近拍摄到的水华现象，图中白色的地方为冰层，灰色的为云层，如果我们能够回到 21 亿年前，那时尚未完全解冻的地球上可能有不少地方正如这个场景一般。

图片来源：NASA Earth Observatory

另外能够看到这些小生命的地方就是海岸带附近的微生物席了。它们极为繁盛的时候，在沿海适宜的地方密密麻麻地生长，随后又被掩埋形成了遍布世界的叠层石。仅仅在中国，我们就能找到大量的叠层石分布，比如天山、五台山、中条山、辽东半岛等。

不过，可能因为冰期的影响，也可能是氧气含量的提升，这些原始生物中逐渐出现了一些微小，但是意义极为重大的变化。

真核生物

从生物演化的角度来看，这些原始的生命是非常古老的生命形态，它们统一叫作原核生物。什么是原核生物呢？

人类是一种真核生物，特点是细胞中有一个由核膜包裹出来的细胞核，DNA就"居住"在这个核中；除此之外，真核生物的细胞中还拥有各种各样复杂的细胞器，其中最重要的是线粒体和叶绿体（叶绿体只存在于植物中）。但原核生物则不具备以上的细胞结构，它们没有细胞核，DNA就直接"居住"在细胞中，也没有各种复杂的细胞器，只有简

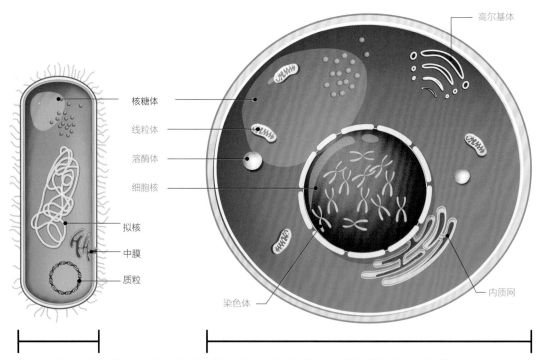

原核生物（左）和真核生物（右）细胞结构对比：真核生物比原核生物复杂很多，出现了细胞器，而且体型也要大一些。

图片来源：123RF

单的核糖体。

目前大部分科学家都认为，真核生物实际上是由原核生物演化而来的，形象点说，是由原核生物"吃"出来的。这种理论被称为内共生理论，在这个理论中，原本只存在多种原核生物，其中一种个头较大的原核生物"吃"掉了另外的几种原核生物，但是并没有将它们消化掉，结果就是所有的原核生物都共生在了一起，共同组成一个全新的生命——真核生物。

这种内共生的理论是在1905年科学家研究叶绿体的时候被提出来的，他们认为植物的形成是由于一种无色的生物与一种含有叶绿素的生物结合在了一起。随后有科学家更具体地指出，这种含有叶绿素的生物就是蓝藻。而且细胞内的线粒体可能也是来自另一种能够进行氧化磷酸化的细菌的共生。

最初，科学家认为蛋白质在超过60℃的情况下就会变性，所以认为不会有微生物在如此高温的情况下生活，但是美国黄石公园内的大棱镜温泉中发现的嗜热细菌改变了这一观点，这里的微生物能够在超过80℃的热水中生活，而大棱镜温泉的多样颜色就是由这些细菌导致的：泉眼中央附近温度高达87.2℃；有极少数细菌生活；向外是74℃的区域，这里生活着聚球藻菌属，让此地呈现出绿色；再向外是68℃的水域，依然生活着聚球藻菌属，但由于温度变化，它们呈现出黄色；继续向外是55℃的水域；生活着异常球菌-栖热菌门的生物，它们让水体呈现出红色和棕色。

图片来源：Wikipedia/ Mariana Ruiz Villarreal, LadyofHats

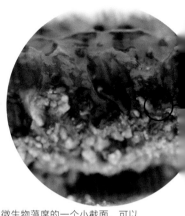

微生物藻席的一个小截面，可以看到它是分层的，这两种颜色代表了至少有两种生物生活在一起。杂居在一起的微生物为内共生提供了非常好的环境。
图片来源：Wikipedia/Alicejmichel

随着现代科技的进步，科学家通过对真核生物内细胞器和多种细菌、古菌的基因测序，以及对生物代谢过程的研究进一步证实了这一点。在目前的生物分类方案中，科学家将整个地球上的生物分为三域：细菌域、古菌域、真核域。细菌与古菌都属于原核生物，包括人类在内的所有动物和植物都属于真核生物。

古菌在原本的分类方案中是在细菌域中的，也就是说原本只有细菌域和真菌域两个域。但科学家从1965年开始使用基因测序的方法来进行生物分类，这种方法被称为系统发育。1977年，美国科学家卡尔·乌斯在测定一些产甲烷菌的核糖体RNA时，发现它们在系统发生树上与原核生物存在区别，因此提出了三域学说，将这些产甲烷菌划分到古菌域中。最初的古菌只有产甲烷菌，但是很快科学家在高温的温泉和高盐的盐湖等极端环境中发现了多种多样的古菌，从而将古菌域扩展成了一大类。

随后科学家发现，无论是基因序列还是在细胞的代谢方面，古菌都与真核生物更相似。比如在蛋白质合成方面，古菌和真核生物都以甲硫氨酸为起始氨基酸，在细胞膜方面，古菌和真核生物都没有肽聚糖。此外，古菌和真核生物的DNA都与组蛋白结合，且

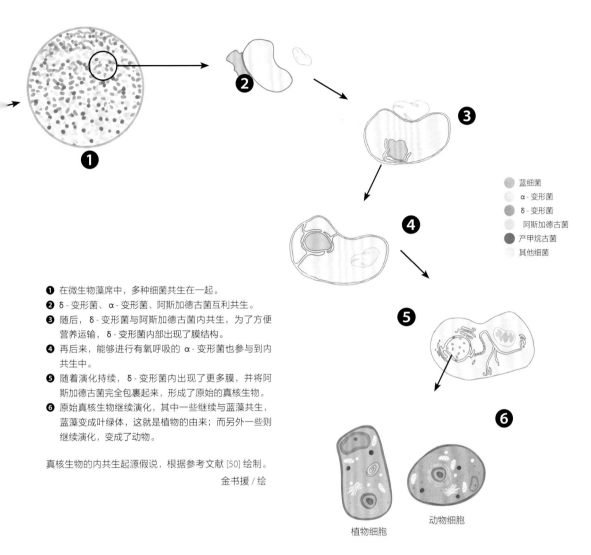

❶ 在微生物藻席中，多种细菌共生在一起。

❷ δ-变形菌、α-变形菌、阿斯加德古菌互利共生。

❸ 随后，δ-变形菌与阿斯加德古菌内共生，为了方便营养运输，δ-变形菌内部出现了膜结构。

❹ 再后来，能够进行有氧呼吸的 α-变形菌也参与到内共生中。

❺ 随着演化持续，δ-变形菌内出现了更多膜，并将阿斯加德古菌完全包裹起来，形成了原始的真核生物。

❻ 原始真核生物继续演化，其中一些继续与蓝藻共生，蓝藻变成叶绿体，这就是植物的由来；而另外一些则继续演化，变成了动物。

真核生物的内共生起源假说，根据参考文献 [50] 绘制。

金书援／绘

蓝细菌
α-变形菌
δ-变形菌
阿斯加德古菌
产甲烷古菌
其他细菌

植物细胞　　　动物细胞

二者还有相似的DNA复制和修复方式，古菌还给一些真核生物所特有的蛋白质编码，这些蛋白质被称为真核生物标签蛋白。

　　这让科学家开始思考古菌与真核生物之间是不是存在着某种关系，同时也提出多种新的内共生理论，在这些理论中，古菌扮演了至关重要的角色。

　　其中一种理论认为，在大约21亿年前，由于大气中氧气含量升高，某些厌氧的古菌出现生存危机，它们迫切需要抵抗氧气的伤害。在微生物藻席中正好存在一种 α-变形菌，这是一种需氧生物，能够利用氧气进行呼吸并产生能量，于是厌氧古菌就将其吞噬并与其共生在了一起：α-变形菌帮助厌氧古菌在氧气环境中生存，厌氧古菌则为 α-变形菌提供它代谢所必需的丙酮酸盐。在随后的进化中，α-变形菌变成线粒体，并进行有氧呼吸，为细胞提供能量。不过这个理论受到很多人的质疑，因为氧气在进入 α-变形菌之前，就会进入厌氧古菌的细胞中对其造成伤害。

另外一种理论则认为，一个需要氢的产甲烷古菌在与一个能产氢的 α-变形菌共生的过程中，产甲烷古菌逐渐与 α-变形菌融合形成了真核生物。在这个共生关系中，α-变形菌氧化有机物生成氢气和二氧化碳，产甲烷古菌则利用氢气和二氧化碳合成甲烷。

而一个比较新的内共生理论认为真核生物可能起源于沿海的微生物藻席中。

微生物藻席就好像是一幢幢高耸的大厦，其中居住着不同种类的微生物。在大厦顶端，靠近水面，阳光充足，生活着大量以产氧光合作用为主的微生物，如蓝藻等，因此这里氧气含量较高；大厦中间是从有氧到无氧、从有光到无光的过渡区域，这里生活着大量化能自养型生物，如变形菌门的某些种类；而在大厦最底部，既无氧气也缺光照，生活着各种各样的厌氧古菌，如产甲烷菌等。

在这种大杂烩的情况下，变形菌门中的 δ-变形菌、α-变形菌与阿斯加德古菌生活在一起。随后阿斯加德古菌进入 δ-变形菌体内与之共生，为了给阿斯加德古菌供给有机物，δ-变形菌体的细胞膜折叠起来，将阿斯加德古菌包裹，这会进化成细胞核的结构，也解释了为什么古菌的基因与真核生物的基因相似。随后，它们又将 α-变形菌拉进来，能够利用氧气产生能量的 α-变形菌最终变成了线粒体。

而另一方面，在真核生物形成之后，其中的一部分在后续的演化过程中又继续将蓝藻"吞"进细胞内部，蓝藻最终变成了叶

寻找祖先的旅程

"吃掉"其他细菌，并与之共生的古菌是什么呢？科学家为了解答这个问题，不断在寻找各种新的古菌，希望找到答案。

2015 年，科学家在研究一份采自深海热泉喷口的样本时，从其中分离出了一些 DNA，测序后组装出一种被称为洛基古菌的新基因组，从系统发育学看，这个基因组远比其他古菌更接近真核生物，而且洛基古菌中的真核生物标签蛋白多达 100 多个。随后，科学家前往世界各地的极端环境中寻找类似的古菌，如黄石国家公园、科罗拉多河含水层等，发现了另外 3 种与洛基古菌有亲缘关系的古菌，并将这些古菌统称为阿斯加德古菌。

由于阿斯加德古菌大多生活在极端环境中，实验室条件下难以存活和培养，所以一直以来科学家都是通过环境样本中的 DNA 对古菌进行间接研究，无法直接观察。在 2020 年，日本的科学家在实验室中培养出了一种阿斯加德古菌，它们有长短不一的触手，也带有真核基因，同时还会与某些产甲烷菌共生。科学家推断，阿斯加德古菌的短触手有助于它们吞噬掉自己的共生细菌。

如果这一理论是真的，那么现有的三域分类可能又将会被更改为两域分类了：古菌域和细菌域，真核生物将会作为古菌域的一个子集存在。

绿体，至此就形成了植物细胞。

当然，以上只是众多内共生理论中的一小部分，真实的情况如何还需要科学家进行更多的研究，不过我们已经越来越接近答案了。

"吃货"一小步，生物演化一大步

由一些"吃货"微生物通过内共生过程演化而成的真核生命在出现后极大地改变了地球上的生命演化进程，时至今日，真核生物已经成为地球上的主导生命类型。当我们举目四望，无论是动物、植物还是真菌，它们都属于真核生物中的一分子，而那些相对来说出现更早的原核生物则还处于微小的细菌生命形态。

真核生物为什么能够如此成功？这是一个非常复杂的问题，简单地说主要有两点：一是更复杂的细胞结构；二是新颖的繁殖方式。

如前文所言，真核生物与原核生物的主要区别在于真核生物中的诸多细胞器。正是这些细胞器让真核生物领先一步，如细胞核，这是至关重要的结构，细胞核中的DNA储存着大量的遗传信息，这让真核生物能够合成更多蛋白质，从而拥有更多的复杂生命结构和生命过程；再比如线粒体，它让真核生物能够利用氧气进行有氧呼吸，产生更多的能量，自然会使真核细胞更加活跃。

而真正让真核生物超越了原核生物的可能还是其繁殖方式。原核生物的繁殖方式类似复印机，它们倾向于复制一模一样的自己从而让基因遗传下去。这种繁殖方式被称为二分裂：它们在细胞内复制自己的基因，然后从细胞中间分裂成为两个完全一样的细胞，这样就完成了整个繁殖过程。这种繁殖方式很简单，但缺点是几乎没有变化！所以在生命诞生之后的漫长时间中，生命形态没有发生什么改变。

真核生物则有一种独有的繁殖方式：有性繁殖。有科学家研究，很可能从真核生物诞生起，它们就以有性繁殖的方式产生下一代了。

至少在真核生物内部，DNA信息更多并不意味着生命体就一定更复杂或更高等，比如蝾螈、肺鱼等动物的DNA信息都比人类多，但是生命形态却不如人类复杂。在自然界中已知DNA数量最多的生物是衣笠草，具有40条染色体，1490亿个碱基对，是人类基因组数量的50倍。

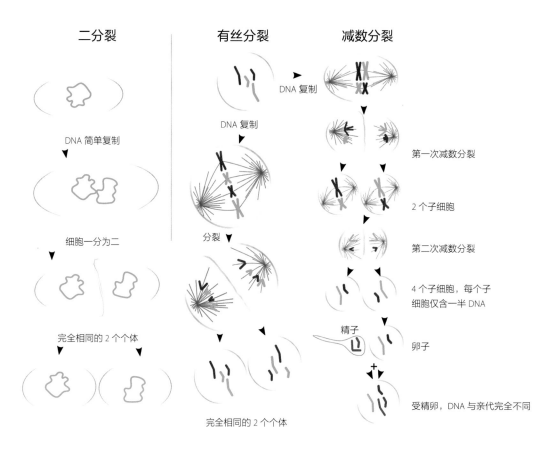

无论是原核生物还是真核生物的无性繁殖，其结果都是复制出一模一样的后代，但是真核生物独特的有性繁殖能让后代的 DNA
快速产生变化。

图片来源：Wikipedia/domdomegg 有修改

　　什么是有性繁殖呢？通俗地讲，爸爸有2n个遗传物质、妈妈也有2n个遗传物质，爸爸妈妈各拿出n个遗传物质合并在一起形成子代，2n个遗传物质就又成了一个完整的生物。

　　有性繁殖最大的意义就是变化！

　　无性繁殖中，生物只是简单地复制自己，但到了有性繁殖，不同生物的遗传物质相互融合，形成一个新的生物。这个新生物继承了上一代的部分遗传物质，却又与上一代不同。就这么一代一代繁衍下来，生物的遗传物质不断发生变化，相应地，生物体也就产生了各种变化，这种变化对于进化才是有意义的，它推动了在这之后地球演化过程中生命的快速演变。

　　正是在一代代的变化之中，真核生物才得以最终繁衍出如今众多的物种。所以从这种角度来看，真核生物的出现只是那些"吃货"生物的一小步，却是整个地球上生命演化的一大步。

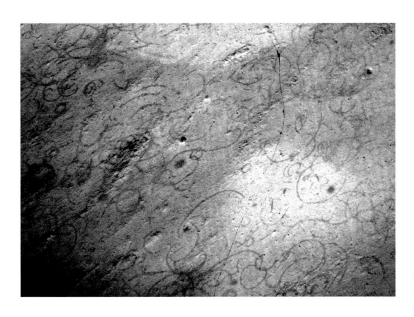

约 21 亿年前的卷曲藻化石。
图片来源: Wikipedia/Xvazquez

那么，这一大步是什么时候迈出的呢？对这个问题，科学家的争议很大。

生物学家倾向于通过分子钟进行估算，但是不同的人得到的结果不一样，有些人认为真核生物起源于27亿年前，有些人却认为真核生物起源于19亿~10亿年前。

地质学家则倾向于通过化石来进行确定，目前最早的疑似真核生物的实体化石出现在北美洲的有21亿年历史的条带状含铁建造中，这是一种大约2毫米宽，0.5米长的卷曲藻化石。它可能是由许多单细胞生物聚集起来形成的一种生物集合体，而并不是单个的生物。说它疑似是因为确定真核细胞还是要看它是否有细胞核，但这些化石年代太过久远，已经无法确定它是否有细胞核了。不过科学家认为，原核生物的直径很难超过50微米，但真核生物由于其复杂的结构，所以能够轻易超过50微米，因此通过化石的直径也能够从侧面判断它的身份。这个化石的宽度超过了2毫米，因此很有可能是一种真核藻类。

除此之外，还有科学家通过研究岩石中由于微生物活动而产生的有机物，如霍烷和甾烷，或研究蛋白质结构分子钟以及相关同位素，将真核生物出现的时代定位在27亿年前或29亿年前，甚至更早。

10 第二次雪球地球事件

大约从7.5亿年前开始，地球上逐渐出现了冰川的迹象，到了大约7.2亿年前，冰川开始遍布全球——第二次雪球地球事件到来了。

无聊的十亿年

大约从18亿年前到8亿年前，地球上生命的演化过程陷入了沉寂，只有在大约13亿年前出现了真核多细胞生物——红藻，这一事件引起了些许波澜，除此之外几乎没有其他变化。这个长达10亿年的漫长时光被古生物学家称为"无聊的十亿年"。

不仅生物演化方面乏善可陈，地球在其他方面也好似被按下了暂停键：海洋中的条带状含铁建造停止了生长；各种同位素证据也表明海水环境处于稳定状态；地球气候似乎并无波动，居然在长达十亿年的时间内都没出现过大型冰川的迹象；连大气中的氧气含量也不再继续增加，一直维持在现代氧气含量的0.1%左右，甚至更低的水平。

为什么会出现这种情况呢？有些科学家认为这可能与这段时间内的地球板块运动有关。在研究地球海陆板块变迁的时候，地质学家发现地球在18亿~13亿年前非常稳定，那时候在地球上存在一块超级大陆——哥伦比亚大陆，几乎所有的板块都聚集在此。

另一些科学家提出这可能与海洋中缺氧和富硫有关。他们认为，约在24亿年的大氧化事件并没有完全将海洋氧化，只是让表层海水富氧，但是深层海洋中依旧缺氧。不过这期间深层海水中的硫酸盐还原细菌开始繁盛（更早期这里主要是产甲烷细菌），它们在生命活动过程中产生了大量的硫化氢等富硫物质。海洋中硫元素的大量存在让多种微量金属元素缺乏，如钼、铜、锌、镍等，它们对真核生物的演化过程极为重要，一旦缺乏可能就会导致真核生物演化停滞，这种状态一直持续到氧气含量再次上升，硫元素含量骤降的局面才得以改变。

根据地质证据，哥伦比亚大陆存在期间，其内部的造山作用和火山作用都非常微弱。到了大约13亿年前，它以一种和平缓慢的形式裂解为数块小的陆块，大约9亿年前这些陆块在赤道附近重组形成了新的超级大陆——罗迪尼亚大陆。罗迪尼亚大陆囊括了当时地球上的所有

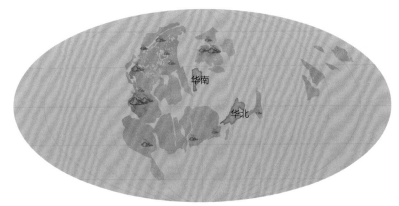

17.8亿~16亿年前可能的地球海陆分布，那时地球上的陆地几乎都集中在一起。

图片素材来源：参考文献[49]

金书援／绘

陆地，从赤道一路延伸到极地。罗迪尼亚大陆形成后又继续稳定存在，一直到8亿年前。这期间大陆内部板块运动和火山活动微弱，这种稳定的陆地环境可能也是同一时期内地球大气和海洋环境平稳的原因之一。

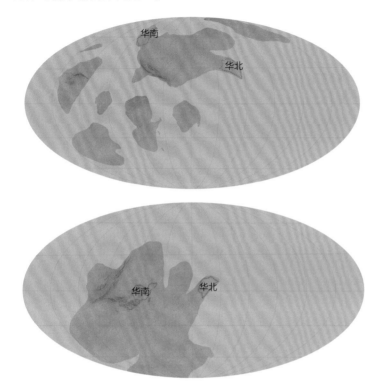

11亿年前（上）和 9 亿年前（下）可能的地球海陆分布，9亿年前地球上的陆地几乎都集中在一起。

图片素材来源：参考文献 [49]

金书援 / 绘

　　稳定的超大陆是如何影响生物演化的呢？目前尚众说纷纭。最新的说法是，这些大陆内部造山及火山活动比较弱，而且造山带长度相对其他时期比较短，这就意味着风化作用比较弱小，被河流带入海洋的陆地无机物自然就少，这些无机物是生物生存的营养物质来源，缺乏会使生物"饿肚子"，自然也就不会快速地演化了。约13亿年前的板块运动，虽然不那么激烈，但是也稍微改变了一点地表环境，这让多细胞的红藻得以出现。

解体的大陆和大冰期

　　从大约8.7亿年前开始，罗迪尼亚大陆开始解体，伴随着这个过程的是剧烈的岩浆活动和多处大陆裂解，随后大陆变成大量分散的小板块，这些板块大大增加了地球上浅海的面积，而那时候生物生活的主要地带就是浅海，因此浅海面积的扩大极大增加了生物的数量，这些生物在光合作用过程中消耗了大量的二氧化碳。

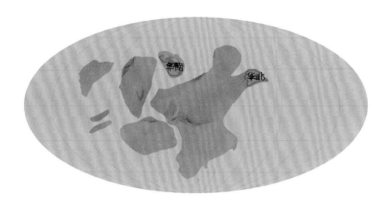

7.5亿年前可能的地球海陆分布，罗迪尼亚大陆已经开始裂解成多个大小不等的陆块，依据参考文献[49]绘制。

　　裂解过程也会产生剧烈的岩浆活动，火山喷发带来的玄武岩覆盖了地表——与第一次雪球地球事件一样，玄武岩的快速风化也让二氧化碳含量迅速降低。从大约7.5亿年前起，地球终于打破了10亿年的沉寂，开始出现区域性的冰川，这是第二次雪球地球事件的序幕。

　　随后出现了雪球地球事件的主幕[⊖]：一个是7.2亿~6.6亿年前的斯图尔特冰期，一个是6.5亿~6.3亿年前的马林诺冰期，这两个都是全球性的大冰期。主幕之后是另外一次区域性的冰期，就好像余波一样，一直到5.8亿年前才完全消退。这两个大冰期之间，当时的赤道附近基本上都被冰川覆盖，更别说温度更低的高纬度地区了，因此这一时期也被科学家形象地称为"雪球地球"。

　　这次雪球地球的证据也比较充分，得到了大部分科学家的公认。包括在赤道附近广泛分布的冰碛物、海洋中的碳同位素异常（参见《第一次雪球地球事件》），以及重新出现的条带状含铁建造——这意味着海洋表层再次缺氧，只有光合作用生物的大规模死亡才能导致这一点。

　　但是他们却对雪球地球的存在形式有些争议。目前有三种说法，一种是"硬壳雪球"假说，一种是"半溶雪球"假说，还有一种是"薄冰雪球"假说。

　　一部分科学家认为雪球地球期间，地球整个都被冰层覆盖。有些还通过模拟计算，发现当地表温度在-12℃以下时，冰盖的厚度将会达到100米以上，如此厚的冰层将会完全遮挡住阳光，导致海洋生物的大规模灭绝，同时光合作用受到严重削弱。这时候的地球上只有火山岛屿附近还保留有小面积的温暖海水，其余地方都是厚厚的冰壳。据计算，在雪球地球温度低于-40℃的时候，地表冰层厚度可能会达500~1000米，这种假说被称为"硬壳雪球"假说。

　　不过这个假说的问题在于，如果冰层将地表完全覆盖，大气与海水水循环完全被隔断，随着降雪的持续，大气将会越来越干燥，降雪也就会越来越少，冰川就不会特别厚，而且没

────────────

⊖ 幕：地质历史上的重大事件，像戏剧中的完整段落一样。——编者注

有新雪的重力作用，冰川将几乎不能移动。这与目前观察到的事实不符，地质学家在研究冰碛物的时候，发现许多冰碛物都是被冰川远距离搬运所形成的，而且有些地方的冰碛物厚度可达上千米，这需要极为活跃的冰川才行。

因此部分地质学家提出"半溶雪球"假说。这个假说认为地球在雪球期间可能并没有完全被冰层覆盖，而只是被覆盖到古纬度25°附近，冰层的厚度也只有1~10米，在赤道附近有大片无冰的温暖海水，赤道周边的海水能够为大气提供足量的水蒸气，由此不断形成降雪推动冰川的形成和移

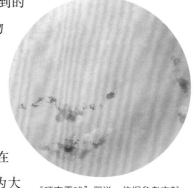

"硬壳雪球"假说，依据参考文献[49] 绘制

动。但是这个假说也遭到了质疑，因为如果据此推断，海洋中依然将会有大量的光合作用生物的存活，同时光合作用形成的大量氧气也不会使得海洋中出现缺氧的情况——但这又无法解释海洋中存在的碳同位素异常和新出现的条带状含铁建造。

还有地质学家融合了上述两种而提出新的假说："薄冰雪球"假说。这个假说认为赤道地区存在比较薄的冰层，一旦发生冰山崩裂等情况，这些薄弱的冰层会被打碎，从而连通海洋与大气。

这些假说依然各有不足，但这其实就是地质学研究的常态。地质学作为一门研究地球过往的学科，我们能够利用的通常只有岩石。岩石中保留的信息又总是残缺且局限的，地球这么大，每个地方发生的故事都不一样，形成的岩石也不一样，地质学家只能像盲人摸象一般，利用这些岩石为我们拼凑出远古地球的一鳞半爪。不过我们可以继续期待，随着各学科的进步，终有一天地质学家将能够从岩石中获取到足够的信息，揭开雪球地球形态的秘密。

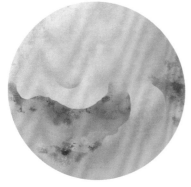

"半溶雪球"假说，依据参考文献[49] 绘制

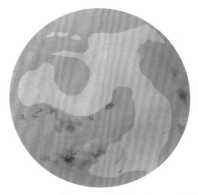

"薄冰雪球"假说，依据参考文献[49] 绘制

影响深远

这次雪球地球事件就好像是一个信号，从此之后，生物开始迅速演化，它们的体型越来越大，种类爆发式增长，终于开始让地球变成一个生机勃勃的星球了。

为什么在雪球地球事件之后会发生这种情况呢？可能有两方面的因素。一方面是在此种环境下，绝大部分生物迅速死亡，只有极少数生物在火山附近或极少数未结冰的海域苟延残喘，这些地点往往相隔甚远，就好像一个个孤岛，生物被隔离封闭在这些环境不同的孤岛中独自进化，为后面的生命多样性积蓄着能量。

还记得达尔文笔下的加拉帕戈斯群岛上的地雀吗？地理隔离导致了生殖隔离，为了适应不同的环境，分布在加拉帕戈斯群岛的地雀由一个祖先演化成不同的类型。

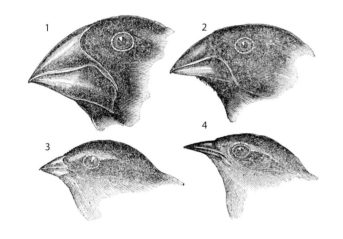

达尔文搭乘小猎犬号前往加拉帕戈斯群岛的过程中，发现了14种不同的地雀，这些地雀由同一个祖先演化而来，但是因为不同岛屿自然条件和食物的不同，从而演化出不同的种类，其中最明显的区别就是它们的喙，图中4种不同的地雀分别为：1. 大嘴地雀；2. 勇地雀；3. 小树雀；4. 莺雀。
图片来源：《小猎犬号之旅的动物学》（ *The Zoology of the Voyage of H.M.S. Beagle* ）中的插图，John Gould

雪球地球事件中，冰层就起了隔离和选择的作用，微生物为了适应不同的环境，迅速演化成不同的种类；此外，极端寒冷的气候条件和这一时间段内的强紫外线辐射，可能促进了生物的变异和突变，从而形成新的物种。最终，当冰层消失，这些微生物们重新生活在一起之后，不同的生命开始如百花绽放一样出现在地球上了。

雪球地球事件也为后续生命快速发展提供了物质基础。冰川对于岩石的研磨作用会在冰川消失时将大量的岩石碎屑带入海中，这些岩石碎屑中含有大量的磷元素等微量元素，这些元素对于冰川消退后藻类的兴盛起着重要的作用，而作为初级生产力，藻类的兴盛无疑能够带动整个生态系统的大爆发。

11 埃迪卡拉生物群

大约从6.35亿年前开始，地球进入了埃迪卡拉纪，并演化出种类多样且奇特的
埃迪卡拉纪动物，不过这些动物在大约5.41亿年前就基本上消失了。

埃迪卡拉纪

大约6.35亿年前，第二次雪球地球事件的第二幕——马林诺冰期结束了。从这时起，覆盖全球的冰层快速消退。尽管随后区域性的冰川覆盖断断续续持续到5.8亿年前左右，但是这并不妨碍恢复了温暖的地球海洋中开始发生翻天覆地的变化。

在雪球地球事件之前，地球上海洋中占据主导的生物是低等的原核生物，如蓝藻等，它们生物的多样性低，个体微小，肉眼难以辨识。虽然从大约18亿年前就可能已经出现真核生物，并在13亿年前又演化出了多细胞生物——红藻，但无论是单细胞还是多细胞的真核生物，在海洋中相对来说比较少见。

雪球地球事件之后，海洋中开始出现肉眼可见的多细胞宏体生物（与微体生物相对应），这些生物种类繁多，形态奇特，并且已经出现了动植物的分化。它们在寒武纪到来之前（5.41亿年前）的海洋中占据了主导地位，这一时期（6.35亿~5.41亿年前）被称为埃迪卡拉纪。

埃迪卡拉生物群的场景复原模型，这一精美模型现在被收藏于美国康奈尔大学古生物研究所的地球博物馆内。模型复原了发现于澳大利亚埃迪卡拉山的生物，我们可以看到其中的动物类型大多都是软体生物，呈盘状、水母状或者是叶状。

图片来源：Flicker/Ryan Somma

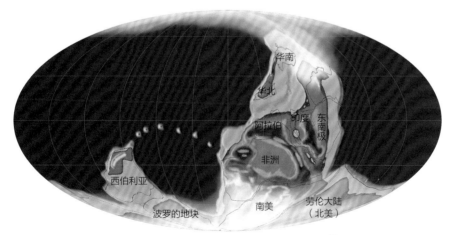

约6亿年前的埃迪卡拉纪古地理复原图[⊖]。

⊖ 本书全球古地理重建系列图片均来源于参考文献 [68]，依据 CC BY 4.0 使用，有修改，对全球古地理的重建，科学界的观点并未统一，本书仅代表其中之一，本系列图片中中国华南区域均未画出台湾岛，台湾岛在 800 万年前才因为欧亚板块与太平洋板块、菲律宾板块的挤压而形成，在此之前均不存在。——作者注

1946年，地质学家首次在澳大利亚南部的埃迪卡拉山的砂岩中发现了化石。这是人们第一次发现比寒武纪还要早的宏体生物化石，所以受到了众多关注，也因此用埃迪卡拉给其命名。我们在各种资料中所见到的埃迪卡拉生物的复原图都是依据埃迪卡拉山中发现的化石所绘制的，不过这些化石只能代表大约5.5亿年前的埃迪卡拉纪生物面貌。

在最近几十年中，地质学家在全球各地发现了不同时代的埃迪卡拉纪生物，它们各有特色。中国的华南地区由于在整个埃迪卡拉纪期间都位于比较稳定的温暖的深海-浅海环境中，所以出产了大量不同时代精美的埃迪卡拉纪生物化石，几乎能够完整覆盖埃迪卡拉纪生物的演化过程。从这些化石中，我们能看到埃迪卡拉纪生物的变迁和演化。

蓝田生物群

发现于安徽省休宁县的蓝田生物群，可能是最古老的埃迪卡拉纪生物了，在中国一般称其为震旦纪陡山沱期生物。这些生物生存在6.35亿~5.8亿年之前，那时候中国华南处于赤道以北的热带-亚热带浅海中。地质学家在此发现了24种宏体生物化石，其中包括14种藻类、5种动物和5种未能识别的疑难化石。

根据研究，它们当时可能生活在海浪影响不到的静水环境中，深度大约在50~200米左右。整个生物群由浮游生活的微生物、藻类及底栖固着生活的宏体藻类和动物组成。宏体藻类可能是其中体型较大的生物，一般在数毫米到数厘米之间，最大的蓝田扇形藻，体长可达10厘米。

相对于多样化的植物，蓝田生物群中的动物种类则少得可怜。它们都是毫无移动能力、底栖生活的软体动物，可能类似于现代的刺胞动物，依靠漂浮着的触手捕获水中的微生物和有机质颗粒生活。

在中国，地质学家一般将埃迪卡拉纪称为震旦纪（Sinian）。"震旦"是古代印度人对中国的古称，1882年，德国人李希霍芬第一次用震旦系来表示华北的一套地层。1922年，震旦系被用来代表在中国发现的早于寒武系的一套地层，相关的研究持续到了2004年后，中国的地质学家重新定义震旦系为与国外埃迪卡拉系相当的地层。而与震旦系相对应的年代就是震旦纪。

"纪"和"系"分别属于地质年代单位和年代地层单位。

地质年代单位，按照层级从大到小分别是：宙—代—纪—世—期。它们表示具体的时期，比如白垩纪，就代表1.45亿~0.66亿年前这个长达8000万年的时期。

年代地层单位则是与地质年代相对应的地层。按层级分别是：宇—界—系—统—阶。

比如，白垩系，指的就是在1.45亿~0.66亿年前形成的地层。

蓝田生物群的化石均发现于黑色的页岩中。页岩是海洋、湖泊较深处非常细腻的淤泥沉淀下来后固结形成的岩石。这个深度与今天能够遇到淤泥的深度是一致的，淤泥中有机物的含量较高，所以颜色发黑，这也反映了当时在此处的水面上是富含微生物的。

地质学家就是通过岩石的特点来复原生物生活的环境。

❶ 扇形藻
❷ 杯状皮园虫
❸ 稀少休宁虫
❹ 梭状前川虫

蓝田生物群部分生物想象复原图。金书援 / 绘

瓮安生物群

瓮安生物群的年代稍晚于蓝田生物群，也属于震旦纪陡山沱期生物，生活在6.2亿~5.7亿年前。20世纪中期，国内在工业上的需求推动了地质事业的蓬勃发展，各大矿山被不断发现。在这个过程中，贵州瓮安进入了地质专家的视野。这里有丰富的磷矿资源，后期的勘探表明，瓮安磷矿储量达36.5亿吨，占全国的1/3。1975年，地质和化工方面的专家对瓮福磷矿和开阳磷矿中开采的岩石样品进行了分析，发现了种类非常丰富的叠层石和菌藻类化石，在随后更加详细的研究中，地质学家将其命名为瓮安生物群。

贵州瓮安生物群化石的年龄已经超过了6亿年，在经过处理后，科学家甚至能够看到细胞层次的精细结构，这对于整个世界的古生物研究来讲都是极为重要的，毕竟其他地方挖到的化石，大部分都只是一个印迹而已。

为什么瓮安能够保存这么精美的化石呢？原因就在磷矿！相较于其他的岩石类型，磷酸盐是一种更容易保存化石精细结构的物质。

6.3亿年前，如今多山的贵州还是一片广袤的海洋，瓮安可能位于这片海洋的一个海湾中，在这里，海浪的作用被严重削弱，风浪小，适合生物生活。可能由于海底火山的原因，在这一段时间内海水中磷元素的含量非常高，磷元素是一种有利于生物生长的无机物，因此那时候瓮安生物群格外繁盛。当这些生物死亡以后，迅速沉淀到海洋底部——由于风浪的作用小，这些尸体几乎是在原地腐烂，而不会被海浪打碎。磷酸在生物死后进入细胞内沉淀下来，磷酸盐替代了原有的细胞液支撑起细胞的结构，这样，细胞就不会被后续沉淀下来的沉积物压碎。

在这种天时地利之下，瓮安的化石呈现出非常精美的三维立体结构，当这些化石埋藏数亿年之后被发掘，依然保持着它原先的样子。

从这些精美的化石中，地质学家构建出了瓮安生物群当时的面貌。在浅海海底，生活着大量的底栖多细胞藻类；在这些藻类中，有一些疑似动物的生物，它们是什么，长什么样子，科学家至今依然有争论；在海洋中还可能浮游生活着一些其他的动植物生命体，它们到底是什么，科学家也无法确定，这些生物只有化石被存留了下来，科学家把这些不确定的化石统称为"疑源类"。在整个瓮安生物群的化石中，最具有震撼性的化石要属动物胚胎化石了，这些化石保存了完好的个体形态，它们甚至连发育生长过程都被完美地保留了下来。

除此之外，我们还发现了现今所有动物最原始的祖先：贵州小春虫，它可能是迄今为止

瓮安生物群中发现的各类细胞级微体生物化石，其中 a-f 疑似为动物胚胎不同的分裂生长阶段，细胞数从一个（a）到数百个（f）；
g~i 则是其他类型的胚胎状生物化石；j 是巨大拟四分球藻，是一种多细胞植物；k 是一种带刺疑源类，其生物学上的分类还不清楚，
化石表面的小刺是最早的装饰性结构，可能用来抵御掠食者；l 则是全球迄今为止发现的最古老的可靠海绵化石记录。

图片来源：参考文献 [71]

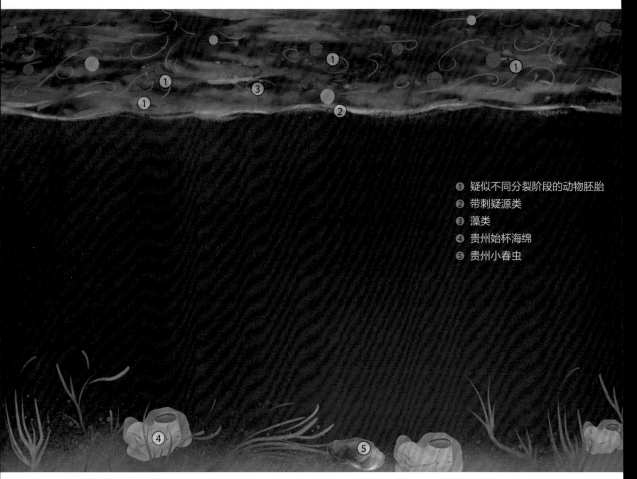

❶ 疑似不同分裂阶段的动物胚胎
❷ 带刺疑源类
❸ 藻类
❹ 贵州始杯海绵
❺ 贵州小春虫

瓮安生物群部分生物想象复原图。　金书援 / 绘

最为古老的两侧对称动物了，当然，对于小春虫的化石，科学家也还有争议，主要原因是化石证据太少。

庙河生物群

庙河生物群位于湖北宜昌的庙河地区，其生物生活的年代可能在5.55亿~5.50亿年前，一般认为庙河生物群繁盛的年代和生物种类均与发现于澳大利亚南部的埃迪卡拉生物群一致。

高家山生物群

高家山生物群生活在埃迪卡拉纪末期，其年代可能在5.48亿~5.42亿年前，它是目前已发

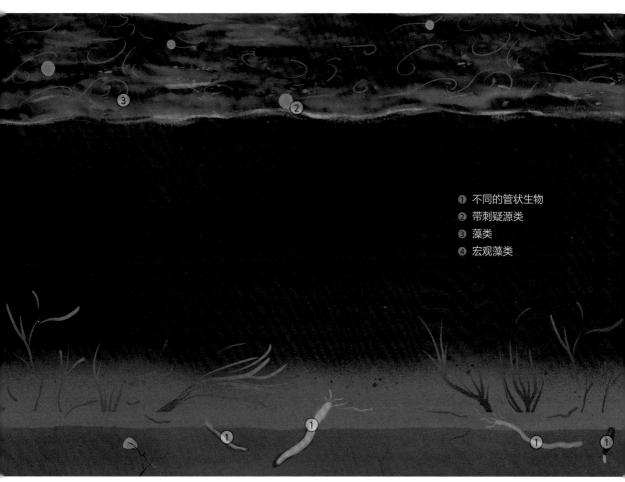

❶ 不同的管状生物
❷ 带刺疑源类
❸ 藻类
❹ 宏观藻类

高家山生物群部分生物想象复原图。　金书援 / 绘

现最早的动物骨骼的发现地。在现代动物中，骨骼扮演着极为重要的角色，无论是人类的内骨骼，还是虾蟹类的外骨骼，都为动物提供了强大的运动能力和保护功能。而高家山生物群中种类多样的有骨骼的动物化石无疑为我们研究骨骼的起源提供了完美的材料。

高家山生物群中发现的骨骼动物基本上都是管状动物，由外骨骼形成硬质管状，软的躯体则生活在这些管状中。这些管状的成分也不一样，将生物分为完全由有机质构成的管状生物群落、弱矿化管状生物群落和具有矿化壁骨骼的管状生物群落。

由此有科学家提出猜想，生物的骨骼最早可能完全由有机质构成，但随后演化出一些生物，它们能在生物体的有机质外侧吸附部分无机矿物成分，形成矿化的管壁，最后，这些生物演化到连有机质外壳都不要了，直接在体外利用分泌或诱导的方式形成完全无机矿物构成

103

的管壁的生物。

根据在高家山生物群中发现的选择性捕食现象，科学家推断可能是由于生存竞争的激烈化导致了矿化外骨骼的快速出现和演化。这一时期的动物已经出现了一些能够缓慢移动的蠕虫状捕食者，它们会捕食管状生物，会选择性攻击管壁较薄的生物，而避开管壁较厚的生物。

虽然有些科学家认为高家山生物群中的骨骼动物与寒武纪时期的骨骼动物并没有直接的演化关系，寒武纪时期动物的骨骼是单独再次演化出来的，但高家山生物群至少给我们提供了一些有趣的骨骼演化的视角。

从中国的埃迪卡拉纪生物群的记录中，我们能够大致得出一个埃迪卡拉生物演化脉络来：大约6.35亿年前（蓝田生物群），化冻后的地球菌藻类异常繁盛，动物种类较少；从约6.2亿年前开始（瓮安生物群），动物种类增多，也变得更复杂了，甚至还有可能出现了最早的两侧对称动物；从5.5亿~5.0亿年前（庙河生物群），典型的埃迪卡拉生物占据了主导地位，它们大多是一些软体的扁盘状生物；从5.48亿年前开始（高家山生物群），在某些动物身上出现了诱导矿化的现象，这是最古老的动物骨骼。

为什么埃迪卡拉生物演化失败了？

我们最常见到的埃迪卡拉生物都是软趴趴的模样，而且绝大多数没有移动能力，都是固着在海底营底栖生活的生物。它们的出现可能与当时的地球环境有关：大冰期给海洋带来了充分的营养，冰期消退后微生物大爆发，整个海洋中到处都是各种有机、无机的营养物质，而且此时海洋中并没有出现运动能力很强的捕食者，埃迪卡拉生物群中的生物自然也就没有必要演化出运动这种费力不讨好的功能——它们只需要躺平在海床上，或者是底栖固着在海底，就能够捕获到充足的营养物质，要想得到更多，只要让身体面积更大就行了！

这类生物在埃迪卡拉纪能够活得很好，但是到了5.42亿年前就基本消失了。因为这一时期地球上可能出现了有较强移动能力的生物和长骨骼的生物，面对这些气势汹汹的捕食者，埃迪卡拉纪那些软乎乎毫无运动能力的奇特生物无疑会变成肥美多汁的食物，很快就被蚕食得一干二净了。换句话说，习惯性"躺平"，才是让埃迪卡拉纪生物灭绝的原因。

第四章

显生宙

从星尘到文明
地球演化的 32 个里程碑

12 现代生物的黎明

从5.41亿年前开始，地球进入了显生宙，显生宙的第一个时代就是寒武纪。从寒武纪开始，生命种类爆发式增长，生物体的复杂性也快速增加，这一现象被称为寒武纪生命大爆发。

"金钉子"的故事

随着埃迪卡拉生物的灭绝，从5.41亿年前起，地球又进入了一个新的地质年代——显生宙，顾名思义，这个时期的生物都已经大到肉眼可见了，所以才称之为"显生"。现在我们依然处于显生宙中，目之所及的生物几乎全都起源于显生宙最早的一个纪——寒武纪。

在寒武纪的故事正式开始之前，我们会先介绍一个在地质学相关领域应用非常广泛的词："金钉子"。

"金钉子"原本并不是地质领域的词，而是来自于一段铁路修建中的历史故事。1869年，美国建成了太平洋铁路，这是第一条横贯北美大陆的铁路，连接了大西洋西岸与太平洋东岸，为了纪念铁路的成功修建，建造者在枕木上钉下了最后的4颗道钉，这其中就含有两颗用黄金制作的金钉子（Golden Spike），钉子

显生宙分为3个代：古生代、中生代、新生代，其中古生代是生命形式很古老的时代，新生代是生命形式比较新的时代，中生代则夹在两者之间。代的下一级地质年代单位就是纪了，古生代之下有寒武纪、奥陶纪、志留纪、泥盆纪、石炭纪和二叠纪。

油画《最后一颗道钉》记录了美国太平洋铁路完成时钉下最后一颗道钉的场景。
图片来源: Thomas Hill

为了避免被盗，金钉子在被钉入铁轨后又被马上取下，换成了普通的铁钉，现在它们被不同的博物馆珍藏，图中的金钉子收藏于加利福尼亚州立铁路博物馆。
图片来源: Wikipedia/BenFranske

上刻有铁路竣工日期和铁路官员以及董事等人的名字，顶端则刻有"Last Spike"（最后一颗钉子）的字样。由于太平洋铁路的修建对美国的统一和经济、文化的发展起到了极为重要的作用，而金钉子的钉入则象征着这项重大工程的完成，所以在地质学领域就借用了金钉子一词，代表在地质学中的一项重大工程的完成。

在地质学上，"金钉子"正式的名称是"全球界线层型剖面和点位"（Global Standard Stratotype Section and Point，简写为GSSP）。用一个实例就很好理解了，比如，在寒武纪之后是奥陶纪，但是寒武系与奥陶系之间的确切界线在哪里？不同地区的地质学家有不同的分法，因为全球各地的环境不一样，因而形成的沉积岩也不一样，假设A地在寒武纪时是滨海的环境，那就会沉积一层砂岩，我们现在在海岸边看到的沙滩经过数百万乃至数千万年后就会形成这种岩石；但是B地在寒武纪时可能是热带浅海的环境，那么可能会形成一层灰岩。随后如果A地海平面上升，滨海环境变成了浅海–深海的环境，在砂岩之上就会覆盖灰岩，再覆盖一层泥岩；但是B地海平面下降，变成陆地，就会在灰岩之上覆盖滨海的砂岩，随后又会覆盖一层河流沉积的砂岩或砾岩。那么经过数亿年之后，A地和B地的地层将会完全不同。

还记得前文讲到的年代地层单位吗？寒武系、奥陶系分别代表着寒武纪和奥陶纪时期所形成的地层。

A 地和 B 地所处的环境不同，它们形成的岩层组合就会完全不同。　　金书援 / 绘

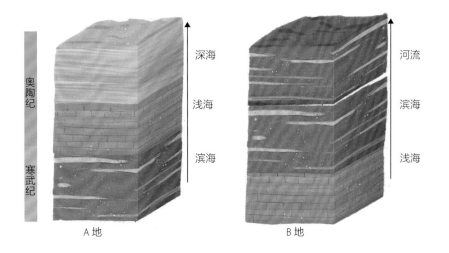

当时同位素测年的技术还没有出现，地质学家只能根据古生物化石进行岩石的划分。这时候又会出问题，因为生物的种类与环境是息息相关的，比如热带鱼类在南北极无法生存，而南北极的生物也基本不可能到热带，同样地，不同地区的生物化石种类也有极大的差异。那么如果要把地球作为一个整体进行研究，了解海洋和陆地的变迁和演化情况，势必要把全球各地不同的地层都放到一起进行比较才行，而上述的情况就会导致研究有困难。

在20世纪60年代，各个国家的地质学家确定地质年代的界线不同，依旧以寒武–奥陶纪的界线为例子，英国将这条界线放置在阿伦尼格统底部（约4.78亿年前），中国和苏联则放在特马豆克统底部（约4.85亿年前），澳大利亚的界线要低于特马豆克统（也就是说比4.85亿年前要早），美国则在特马豆克统之上，虽然看着只差了0.08亿年，但如果换个单位就知道差别有多大了——0.08亿年就是800万年，这么漫长的时光足够让所有地方发生天翻地覆的变化了！

为了方便各地的地质研究能够统一起来，国际地层委员会决定选取一系列标准点位来划定地层界限，全球其他地方的地层界线的划定都必须要以这些标准点位的特征为依据，由于这一工程浩大且对于地质研究意义重大，所以地质学家把这些点位称为"金钉子"。

这些标准并不好找，因为要满足许多苛刻的条件，首先是点位要特征明显且易于识别，由于生物在演化中的不可逆性，所以地质学家选择了利用生物化石的成种事件来作为识别特征，也就是说某一个特征物种的第一次出现就是主要的识别标志。其次，由于这一标准要应用到全球，所以也要求这个特征物种应该尽可能拥有更广的地理分布。最后，为了保证在特征生物化石稀少的情况下被识别，还要求在点位上有尽可能多的辅助标志和手段，如辅助生物标志、碳同位素演变标志、地磁极性变化标志等。

对于"金钉子"的评定工作，一方面反映了当地的自然条

目前已经有77枚"金钉子"被确立，其中只有一个在元古代的埃迪卡拉系底界，作为埃迪卡拉系的开始，其年代为6.35亿年。其余的73枚全部在显生宇，中国有11枚"金钉子"。

地质学上的"金钉子"虽然也金光闪闪，但它们其实是黄铜制作的，图中为埃迪卡拉系底界的金钉子。

图片来源：Wikipedia/Bahudhara

件，另一方面反映了一个国家地质研究的水平，所以一直以来全球各个国家对于"金钉子"的评定工作竞争都很激烈。中国就曾经差一点获得了寒武系底界的"金钉子"，这一枚金钉子意义重大，它既是寒武系与埃迪卡拉系的分界点，也是显生宇和元古宇的分界点，还是古生界的起点，但遗憾的是，由于种种原因这枚"金钉子"最终与我们擦肩而过。

中国华南⊖由于在古生代的绝大部分时间中都处于温暖的浅海环境中，所以保存了丰富的生物化石，在确定这一时期的"金钉子"方面具有得天独厚的优势。中国的地质学家从1977年开始，就在此进行前寒武系–寒武系界线的研究，并取得了丰富完善的成果。

1983年5月，在国际前寒武系–寒武系界线工作组会议上，中国云南晋宁梅树村地层剖面、苏联西伯利亚阿尔丹河畔的乌拉汉–苏鲁古剖面和加拿大纽芬兰布林半岛的某些剖面（当时无具体剖面）一同被定为3个候选剖面。会议否决了西伯利亚的剖面，理由之一是这里非常偏远，"金钉子"是全球范围内的唯一标准，所以需要广泛的国际交流，因此交通不便是极大的劣势。

地质学家对当地的研究并不细致，到了1983年12月，加拿大纽芬兰依然无法提出具体的候选剖面和详细的研究结果。工作组以接近80%的支持率决定将中国云南晋宁梅树村剖面作为唯一的候选剖面，这枚"金钉子"似乎已经唾手可得了。

当时的界线工作组在确定候选剖面时，经过了充分的讨论，决定选取小壳化石的出现作为寒武系与前寒武系的主要鉴定特征。纽芬兰的剖面主要产痕迹化石，这些痕迹化石是有运

加拿大纽芬兰幸运角照片。
图片来源：Wikipedia/Liam Herringshaw

⊖ 华南：地质学里的华南板块，包括如今的中国华南和西南地区。——编者注

动能力的动物在海底活动的时候留下的，虽然也有少量小壳化石，但都在更晚一些时候才出现。因此纽芬兰的研究者对采用小壳化石的划界方法提出了质疑，并对利用痕迹化石进行划界的优势进行了广泛游说（虽然梅树村剖面也有痕迹化石）。

界线工作组要对国际地层委员会负责，并由国际地层委员会表决才能确定是否选用。1984年国际地层委员会要求重新评估界线，并决定推迟表决中国的候选剖面。 这一推迟就是6年的时间，在这期间纽芬兰的研究者对纽芬兰布林半岛进行了充分研究，从中选取了幸运角剖面作为候选剖面，并用一种名为足状毛藻迹的痕迹化石作为特征化石定义寒武系与埃迪卡拉系的分界线。随后在1991年的投票中，加拿大的幸运角剖面以52%的得票率击败了中国的梅树村剖面（32%），这使得中国第一次冲击"金钉子"的尝试失败了。

寒武纪生命大爆发

不管是梅树村剖面还是幸运角剖面，其中的特征化石都是相同的：骨骼动物遗留的小壳化石和动物运动遗留的痕迹化石。这也体现出寒武纪生物与埃迪卡拉纪生物的最大区别：具有更强大的运动能力和广泛出现的动物骨骼。

虽然埃迪卡拉纪也出现了这两种类型的化石，但是与寒武纪还是有一些区别。比如埃迪卡拉纪生物所留下的痕迹化石大多只是在海底的爬迹，但是寒武纪生物留下的痕迹化石则包括了垂向上的痕迹，换句话说，这些生物可能已经会在海底打洞生活了。由于它们的运动能力大大增强，使得海洋环境发生了底质变革——原本在埃迪卡拉纪海底沉积物中分层性良好，表面往往有发育完好的微生物席，但到了寒武纪，由于生物的扰动，海底沉积物上下

底质变革前后海底的变化示意图。

金书援 / 绘

层混合，导致海底的微生物席衰减，最终消失。这都说明了寒武纪生物运动能力的巨大飞跃。

此外，埃迪卡拉纪仅有克劳德管等寥寥数种生物有矿化的外骨骼，但是寒武纪生物则爆发式地出现了大量小壳生物，它们不仅存在外骨骼，还出现了原始的内骨骼。所以虽然埃迪卡拉纪生物与寒武纪生物之间存在着继承的关系，但也有巨大的区别。

研究寒武纪生命的演化避不开中国的华南。在梅树村剖面中出现的小壳生物化石是寒武纪早期生物的面貌，这被科学家看作是寒武纪生命大爆发的一个序幕。

在5.25亿年前，小壳生物大规模灭绝了，随之而来的是大约从5.2亿年开始，寒武纪生命大爆发的主幕出现了——这就是发现于我国云南省澄江县帽天山的澄江生物群。澄江生物群保存在粉砂岩和泥岩之中，组成这些岩石的颗粒极为细腻，当它们覆盖在生物体上以后，就好像一层严密的被子将生物完美包裹，一直保存到现在。因此澄江生物群的化石种类多样品质精细，保存了280多个物种，可以归属到20多个门一级的生物分类单元中，包含了

小壳化石是一些个头比较小的骨骼化石，埃迪卡拉纪骨骼生物稀少，仅在晚期发现了少量带骨骼的化石（如克劳德管等）。但是进入寒武纪之后，骨骼生物爆发式增长，因为它们个头小，所以残留下来的化石也比较小，而且由于暂时无法鉴别它们的亲缘关系，所以将其笼统地称为小壳化石。小壳化石中包含了腕足动物、软体动物、环节动物、节肢动物、腔肠动物和海绵动物等。

一种常见的小壳生物——软舌螺的化石。
图片来源：Wikipedia/Wilson44691

约 5.4 亿年前的全球古地理图，当时的中国，绝大部分都还是海洋，其中华南地区因为有零星陆地，且大部分处于浅海环境中，因此非常适宜生命生存。这些生物化石保存至今，让华南成为研究寒武纪生物的极佳地点。

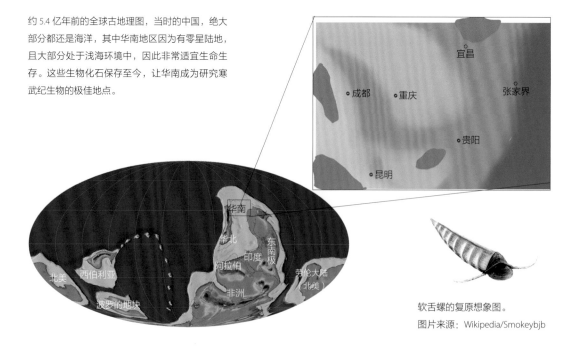

软舌螺的复原想象图。
图片来源：Wikipedia/Smokeybjb

① 奇虾
② 水母
③ 圆口虫
④ 昆明鱼
⑤ 古虫
⑥ 海绵
⑦ 钟键鱼
⑧ 大型藻类
⑨ 叠层石

澄江生物群部分生物想象复原图。 金书援 / 绘

大部分现代生物门类的祖先类型。从这些化石中我们可以大致看出现代动物界是如何一步步成形的。同时，在澄江发现的化石保存了原始的消化道、生殖腺、神经系统、心血管系统等多种动物的内部结构，这些结构为科学家研究动物各种器官的起源提供了证据。

在澄江生物群中发现的最著名的生物就是昆明鱼了，这是目前发现的最古老的脊椎动物，从某种角度来讲，它算是人类的远祖了。另外一些被人熟知的生物包括三叶虫和奇虾，它们都属于节肢动物门。三叶虫以其数量巨大，种类众多而著称，奇虾则因其巨大的体型而被认为是寒武纪海洋中的霸主。这些明星生物与其他生物一起，构成了一个繁盛的寒武纪生物群。

"寒武纪生命大爆发"一词的由来

19世纪的地质学家在研究地层的时候发现了一个奇怪的现象：在寒武纪及以后各时代的地层中能够轻易找到多种动物化石，但是在寒武纪之前的地层中却怎么也找不到这些动物化石。

昆明鱼化石及其想象复原图。
图片来源：舒德干

中国发现的寒武纪时期化石众多，对于研究寒武纪生命大爆发，以及现代动物的起源具有独特优势。目前已发现的寒武纪生物群包括：梅树村生物群、宽川铺生物群、岩家河生物群、清江生物群、澄江动物群、遵义动物群、马龙动物群、关山动物群、杷榔生物群、石牌动物群、凯里动物群等。

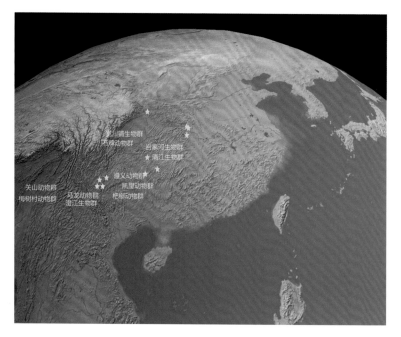

在澄江动物群中发现的动物有37%都是节肢动物，是所有生物中占比最高的，因此也可以说，寒武纪是节肢动物的世界。
图源来源：Pixabay

当时他们将其归结为地层的缺失，也就是说，他们认为包含有动物早期演化化石的地层可能由于某种原因缺失了，因此才找不到这些化石。

这个问题也被达尔文写进了《物种起源》的第十章中：

"还有一个相似的难点，更加严重。我所指的是动物界的几个主要部门的物种在已知的最下化石岩层中突然出现的情形……例如，一切寒武纪的和志留纪的三叶虫类都是从某一种甲壳动物传下来的，这种甲壳类一定远在寒武纪以前就已生存了……远在寒武纪最下层沉积以前，必然要经过一个长久的时期，这个时期与从寒武纪到今日的整个时期相比，大概一样地长久，或者还要更长久；而且在这样广大的时期内，世界上必然已经充满了生物……至于在寒武系以前的这等假定最早时期内，为什么没有发现富含化石的沉积物呢？……目前对于这种情形还无法加以解释；因而这会被当作一种有力的论据来反对本书所持的观点。"

从达尔文时代一直到20世纪中叶，大部分地质学家都秉持着一个观点：生物是逐步、缓慢地演化出来的，在寒武纪之后的地层中突然发现大量化石的原因只不过是因为更早的地层缺失了，或者那些前寒武纪的化石压根没有被保存或发现。

1948年，著名的美国古生物学家普雷斯顿·克罗德（Preston Cloud）提出了另一个新的观点，他认为并不存在所谓的地层缺失事件，寒武纪地层中动物化石的突然出现就反映了生物演化的情况：这些动物是突然、快速地从某种生物演化出来，并很快在寒武纪中占据了主导地位。为了表明这种演化的快速和突然，他采用了 "eruptive evolution" 这个词，这就是寒武纪生命大爆发概念的雏形。1979年，英国古生物学家马丁·布拉希尔（Martin Brasier）在文章中使用了寒武纪生命大爆发（Cambrian Explosion），很快这个词就被传播开来。

许多人对这个词的理解仅仅是望文生义，朴素地理解为：在寒武纪之前生物并不存在，寒武纪时期生物才突然出现并爆发式增长。

当然，看了之前内容的读者应该明白了，这种理解是错误的。生命早在35亿年前（或更早）就已经出现，但是它们在随后近30亿年的时光内演化的极为缓慢，一直到6.3亿~5.42亿年前才出现了大量的宏体生物、出现了动物和植物的分化，并演化出能运动的动物和原始的带骨骼动物，不过绝大部分埃迪卡拉纪生物都跟现代生命没有什么亲缘关系。

所以对寒武纪生命大爆发的正确理解是：生物在经过前寒武纪漫长的演化后，开始了一个物种种类突然增加、生物体的复杂性迅速提升的过程。

寒武纪生命大爆发的原因是什么？

这是一个迄今为止众说纷纭的问题。大体分为两种理论，一种强调外部环境因素，另一种强调动物本身。

强调外部环境因素的理论包括：

1．含氧量上升假说。前寒武纪到寒武纪期间由于氧气含量上升，不仅增强了动物的运动能力，也使得动物能长出更大的体型，还让大气臭氧层变得更浓密，隔离了紫外线，令更广大的海洋都适合生物生存。

2．海水中钙离子浓度上升假说和磷酸盐分泌过程假说。这两种假说都认为是寒武纪早期的海洋中钙离子或磷元素含量较高，这些物质促进了生物骨骼的形成。

3．雪球地球假说。7.2亿~5.41亿年前，地球环境极度寒冷，多次被冰雪覆盖，形成雪球地球，生物不得不依靠火山喷发口附近的温暖海水生活，这种极端环境的压力和地理隔离导致了它们的快速演化。

强调动物本身的理论包括：

1．Hox基因假说。Hox基因被称为同源异形基因，它是生物体中一类专门调控生物形体的基因，一旦这些基因发生突变，就会使身体的一部分变形。不同动物的Hox基因框架是一样的，其形态不同的原因是在适应环境的过程中，Hox基因的某一段发生了变异。有人认为Hox基因是从寒武纪之前的某个祖先演化来的，因为环境的变化，其后代的Hox基因发生了不同的变异，才使得寒武纪生命大爆发成为可能。

2．神经系统假说。生物到了寒武纪，感觉系统和神经系统开始完善，脑部和视觉器官都发育完全了，这导致了寒武纪的生命大爆发。

3．捕食压力假说。动物骨骼的出现可能与捕食活动所造成的环境压力密切相关，骨骼的出现不仅有助于自身的捕食活动，也可提高抵御被捕食的能力，矿化事件主要源于食肉动物或食草动物捕食或被捕食之间的竞争所致。

4．生物矿化假说。大气氧含量的增加，使得大体型动物的有氧代谢成为可能，大的生物体需要矿化骨骼来支撑。

5．空的生态空间假说。寒武纪大爆发时存在大量没有被生物占据的空的生态空间，使得寒武纪初期新出现的许多动物可以快速占领这些生态空间。

13　植物登陆

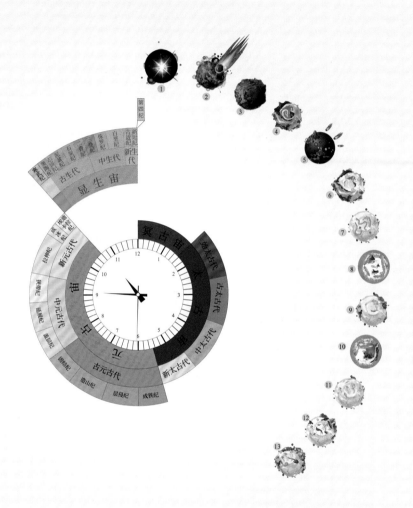

从4.76亿年前的奥陶纪早期开始，植物登上陆地。这些植物一方面改造了地表
环境，另一方面以"自己"这种有机物为诱饵，最终使动物开始登上陆地。

奥陶纪生物大辐射

寒武纪生命大爆发后，现代生物群的原始祖先又经历了约6000万年的演化，从4.85亿年前开始进入了古生代的第二个时代：奥陶纪。

奥陶纪其实也是一个"生命大爆发"的年代，从4.76亿年前的奥陶纪早期开始，海洋中的动物物种数量快速增加，为了与寒武纪相区分，科学家将其命名为奥陶纪生物大辐射。这一次辐射的规模是寒武纪的3倍多，只不过寒武纪出现的多是门一级生物，而奥陶纪则出现的多是科一级生物。在奥陶纪大辐射之后，动物群的多样性在科一级上增长了700%；海洋中的主导生物也发生了变化——从寒武纪的节肢动物为主导，变成了腕足动物、棘皮动物、头足动物、腔肠动物（如珊瑚）等为主导。此外，寒武纪时期的生物多在浅海处生存，但是到了奥陶纪时期，生物开始向更浅和更深的地方扩展自己的生存空间。

所以如果我们穿越回到那个时代，将会发现奥陶纪的海洋中大部分形状奇特的节肢动物（如奇虾）已经消失了，取而代之的是徜徉在海洋中的各色腕足动物和头足动物，以及繁盛的珊瑚礁。

对于奥陶纪发生生物大辐射的原因，地质学家有不同的说法。

一种说法是奥陶纪板块活动加剧，原本在寒武纪存在的冈瓦纳大陆解体了，产生大量小地块或岛屿向赤道方向移动，围绕着这些地块形成了大面积的浅海，彼此远离的浅海就像是一个个孤岛，将生物隔离起来分别进化。

另一种说法认为，奥陶纪的全球海平面是整个显生宙最高的时期，总体比现在高出100~150米，并且在此期间发生过至少3次大规模的海平面上升事件，导致全球海洋广布，海洋生态领域扩大，浅水部分的氧气含量显著升高，由此造成了生物的大辐射。

还有说法认为在奥陶纪早期气温约42℃，之后逐渐变凉至

在现代生物分类系统中，是按照界—门—纲—目—科—属—种进行分级分类的。其中界之下包含若干门，门之下包含若干纲，以此类推。

28℃，并在这一温度上保持了很久，一直到奥陶纪末期才开始再次降温进入冰期。奥陶纪生物大辐射的时间点与气候变凉的时间点相对应，所以可能是气候变凉导致了大辐射。除此之外，还有天外物质对地球的撞击频率增加导致生物大辐射的假说等。

伴随着这次海洋生物的大规模快速演化，还发生了另外一件极其重要的事情：植物开始登上陆地了！

陆生植物的出现

地球上最早的植物都在海洋中生活，正如我们在前面所提到的，一些光合作用的原核生物（极有可能是蓝藻）与某些古菌类内共生，就演变为早期的真核藻类。随后这些藻类在海洋中继续演化，因为多个单细胞藻类共生在一起，慢慢产生了功能的分化，进而变成多细胞藻类。在这个过程中，可能有一部分藻类和光合作用的原核生物等，通过大河的入海口倒灌进入淡水河流中，并逐渐适应了陆地淡水中的生活，成为最早的一批"内陆"居民。

陆地对于这些生物来讲灼热难耐，因为那时候地球大气中的氧气含量低，臭氧层可能极其稀薄，几乎完全无法阻挡紫外线的照射；同时，陆地上处于一片荒漠状态，一如现代的火星地表一般，贫瘠、干旱、沉寂。

要登上陆地，首先要有一些遮挡物挡住炙热的阳光与致命的紫外线。这些最早的遮挡物可能是地衣。地衣并不是一种植物，而是一种独特的真菌和绿藻或蓝藻的共生体，能够在极端严酷的环境中生存。如今在高纬度的极寒山区、炎热的沙漠、贫瘠无土壤覆盖的岩石等极端环境

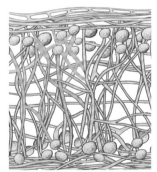

地衣结构示意图，绿色即为绿藻或是蓝藻，丝状物为真菌菌丝体。

图片来源：Wikipedia/Falconaumanni

海边礁石上的地衣，在遥远的奥陶纪，它们可能就像这样一点点覆盖在岩石上，并缓慢将其改造成原始土壤。

图片来源：Flickr/Chris Eccles

中都能见到它们。在这种组合中，真菌能够分泌地衣酸类物质，并通过菌丝体向下扎入岩石中，将岩石溶解破坏，从而吸收岩石的矿物营养，同时也能吸收雨水、露水等水分；真菌将这些养分供应给绿藻或蓝藻等光合作用生物，它们利用光合作用制造的营养反哺真菌。通过这种共生关系，地衣可能是最早适应陆地的生物，同时持续不断改造陆地岩石，将其变成原始土壤。

目前，地质学家已经在6亿年前左右的瓮安生物群中发现了疑似地衣的化石，因此它们可能至少在6亿年前就出现在河流、海洋等水体附近的陆地上了。地衣这个先锋的开拓作用表明，至少在水体附近的陆地上已经有了适应植物生存的条件。地衣虽然低矮，但是早期的植物更微小，所以能够为其提供一定的保护；地衣不断破坏岩石，将其变成薄薄的土壤层，这些土壤层为植物提供了足够的无机营养物质。

虽然不知道最早的陆地植物是如何上岸的，又是什么样子，但是科学家通过分子生物学和其他手段已经确定，现生植物与绿藻之间的关系最近，可能是由绿藻演化而来的。有一种属于绿藻门的水生植物轮藻，还具有类似陆生植物的根茎叶的分化，从外表看去，它的形态与许多现生的陆地植物已经没有什么大的差别了，或许陆生植物的祖先就跟它类似吧。

也许是这些水生的类似植物的绿藻登陆，或是地衣中的部分绿藻发生了变故，总之，它们演化成了一类被地质学家称为隐孢植物的早期植物。我们还不太确定隐孢植物的样子，不过从大约4.76亿年前开始，地球表面可能已经大量出现了这些植物，它们的个头非常微小，高度为毫米级，最多为厘米级。地质学家作此判断的原因是这一时期的地层中广泛出现了一些隐孢子，隐孢子的直径仅为20~60微米，它们具有耐腐蚀的孢子壁（暗示着存在孢粉）和四面体结构（暗示着这是单倍体减数分裂的产物），这些特征与现代植物中的孢子很相似，因而可能预示着这是一种陆生植物。不仅如此，地质学家还在某些地层的化石中发现了疑似隐

地衣有三种形态：壳状、叶状、枝状。

紧贴在岩石上难以揭下来的那种是壳状地衣；贴在岩石上生长，但是很容易揭下来的是叶状地衣；生长的时候直立如一颗小植物的就是枝状地衣。曾经有些科学家根据枝状地衣的形态认为陆地植物是由地衣演化而来的。

石蕊属的地衣就是一种枝状地衣，石蕊试剂即是从中提取出来的。
图片来源：Flickr/Bernard Spragg. NZ

孢植物碎片的化石，这些碎片仅有0.3毫米，却包含了2700多个隐孢子，这进一步显示了隐孢植物可能就是一些微小的生物。

根据隐孢子化石的种种证据，科学家判断，隐孢植物可能类似现代的苔藓植物，因此将其称为似苔藓植物，当然很有可能，真正的苔藓植物在那时也已经出现了。所以，我们可以想象，至少从4.76亿年前开始，地球上靠近水体的地方已经开始被各色地衣，以及绿色的似苔藓植物和苔藓植物占领，在陆地上铺成一大片绒乎乎的绿色地毯。

轮藻纲轮藻属下的球状轮藻形态已经与一般的陆地植物看上去非常相似了。

图片来源：Wikipedia/Christian Fischer

为什么植物的登陆很重要？

植物的出现，迅速地改变了地球陆地的环境，同时为动物的登陆创造了条件。

首先，植物的活动再次改造了地球的大气。一方面光合作用形成的氧气让大气中氧含量进一步提高，另一方面植物以及地衣的活动迅速破坏了地表岩石，岩石破碎后露出更大的表面积与大气和水进行化学反应，进一步消耗了空气中的二氧化碳。这一升一降之间，既让氧气增多，臭氧层增厚，又让温室效应降低，地球温度下降。

其次，植物死亡以后形成有机物覆盖在岩石碎屑表面，有机物与无机物的混合形成了肥沃的土壤，这给其他微生物和新的植物提供了养分，这是一种正循环，植物—土壤—更多的植物—更多的土壤……在这种正循环下，植物迅速向全球的水岸蔓延扩散，就这样，地球的陆地上最初形成一圈海滨、湖滨、河滨的狭窄绿带。

最后，植物登陆后，首先到达的地方是海滨和河滨地带，在这些地带的湿地中开始生长，湿地上的植物产生的有机物对于海洋中的植食性生物来讲是一种很大的诱惑，这种诱惑"吸引"着动物随着植物的脚步开始登陆。所以，当我们讲到植物登陆的时候，紧随其后的是动物的登陆和演化，当然还有重大的气候变化。

1 海蝎
2 牙形石
3 角石
4 甲胄鱼类
5 海百合
6 三叶虫
7 珊瑚
8 腹足动物
9 双壳动物
10 叠层石
11 地衣

奥陶纪生物想象复原图。　金书援／绘

14 奥陶纪生物大灭绝

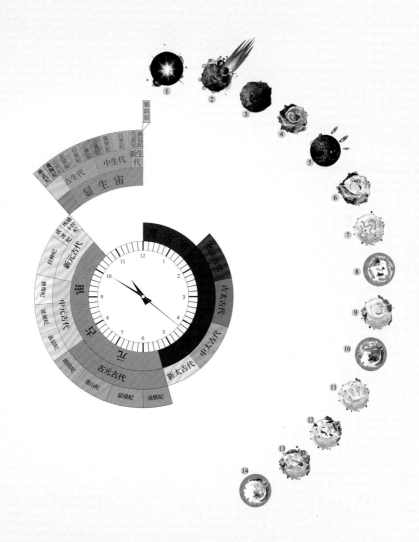

从4.45亿年前的奥陶纪晚期开始，由于地球气候变冷，海平面下降，奥陶纪生物大灭绝的第一幕开始了；从4.43亿年前开始，地球气候快速回升，冰川消亡，海平面上升，这拉开了奥陶纪生物大灭绝的第二幕。最终，海洋中有大约50%的属和80%的种消亡了。

得益于最近这几十年来公众对恐龙的好奇和热爱，恐龙的灭绝事件，连带生物大灭绝事件一直都有很高的关注度，所以我们在科普作品中经常能看到显生宙五次生物大灭绝故事。而奥陶纪生物大灭绝就是其中的第一次生物大灭绝事件，因此其重要性毋庸置疑。

奥陶纪的地球长什么样

上一篇我们简要介绍了奥陶纪与寒武纪生物的差异，也介绍了奥陶纪生物大辐射和最早的植物登陆事件，但大家可能对真正的奥陶纪地球依然没有什么直观的概念。因此在介绍奥陶纪生物大灭绝之前，我们不妨幻想自己坐上了时空穿梭机，飞到了奥陶纪。

大约4.6亿年前，地球处在奥陶纪中晚期，奥陶纪生物也处于鼎盛的时代。从太空看上去，地球与如今完全不同，陆地都集中在南半球，其中最大的一块就是冈瓦纳大陆了，这块大陆从赤道以北一直延伸到南极附近，围绕着冈瓦纳大陆的则是一系列分散的小型板块。中国此时大部分区域还是海洋，其中华南地区处于赤道偏北一点，几乎全部都是海洋；华北则与华南隔着一片海洋，大部分也都是海洋。

在讲到显生宙五次生物大灭绝的时候，人们往往忽视了"显生宙"这个限定词。它的意思是从寒武纪（显生宙的起点）以来的 5.41 亿年内发生了五次生物大灭绝，但是绝不意味着整个生物演化史上只发生过这五次大灭绝现象。前面的故事中讲到了两次雪球地球事件，彼时很可能就有两次（或更多次）全球范围内的生物大灭绝事件，只不过那时候生物都还是个头微小的单细胞菌藻类，它们保存下来的化石稀少，因此无声无息地灭绝了，容易让人忽略。

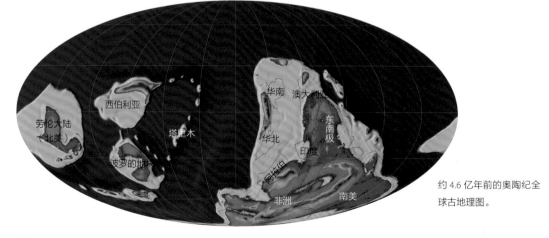

约 4.6 亿年前的奥陶纪全球古地理图。

如果时空穿梭机进入到地球大气层，我们会看到，大陆边缘以及内陆河流的边缘被一圈浅浅的绿色包围——这是已经登陆的似苔藓植物和地衣，它们是改造地表的先锋，正在年复一年将荒芜的岩质大地变成适合生物生存的松软肥沃的土层。但是陆地深处依旧毫无生机，其外表很可能与如今地球上那些最干旱的荒漠别无二致了。

要是穿梭机飞跃河流进入海洋中，我们会看到一派生机勃勃的景象：海洋与河流中漂浮着众多藻类和肉眼不可见的光合细菌，让水体表面呈现一片绿色。

在河口和三角洲的地方底栖生活着各种腹足动物、腕足动物，我们如今一般会笼统地称之为螺类、贝类，除了它们之外，还生活着众多的节肢动物。其中自然有各类三叶虫，它们类型众多，大小不一，大多数以滤食为生，但是真正可怕的是鲎类，尤其以板足鲎为最。板足鲎是群居动物，一些种类的头部长出了两只巨大的钳子用于捕食，而它们身上则披着坚硬的外壳用以保护自身。这一时期的板足鲎可能长达1.8米，是继寒武纪奇虾之后节肢动物门中的王者。

继续深入海洋，会发现众多长相奇特的笔石动物，它们通过滤食微体植物生活，这些笔石动物在海洋中的地位就好像现在的水母一样，处于食物链的底端，经常被其他动物捕食。不过笔石动物演化迅速，种类繁多，而且由于它们绝大部分是浮游生活，无论在浅水还是深水中都广泛分布，所以是一种具有全球分布特征的生物。正是由于这些特点，所以笔石动物是一种良好的特征化石，可以帮助地质学家确定岩层的年代。例如，笔石A最初出现在4.6亿年前，200万年后出现了笔石B，那么一旦地质学家在野外看到某一个地层中只有笔石A的化石，那么就可以大致判断这个岩层是4.6亿年前的；要是地层中有笔石A和笔石B，那么可以大致判断岩层的年代是4.58亿年前的。而且由于它们分布广泛，全球都

板足鲎虽然已经灭绝了，但是它们还有近亲存活下来，这就是人们口中的"马蹄蟹"。世界范围内仅存3属4种，中国东南沿海能见到其中的一种——中华鲎。不过近年来由于人类的大肆捕杀，它们也成了濒危物种。

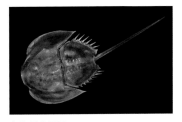

中华鲎背视图。
图片来源：Wikipedia/Didier Descouens

笔石动物个体很小，只有1~2毫米长或更小，它们在身体外围分泌甲壳质或硬质蛋白，形成一个包裹自身的微型壳，由此保护自己。它们一般群居生活，多个笔石动物聚集在一起会构成笔石体，形成最长可达70厘米的大型生命集合体。有时候，多个笔石体会聚集在同一个浮胞上生长，形成类似水母的样子。等它们死亡后，硬质外壳就会被压扁形成碳质薄膜形式的化石，乍一看很像铅笔在岩石层面上书写的痕迹，因此被称为笔石。

笔石动物在生物学分类上属于半索动物门，其硬体特征与现生的半索动物门羽鳃纲类似。这些现生动物也都居住在虫管中，管壁由薄的硬蛋白质构成。

现代羽鳃纲生物照片。
图片来源：Adrian James Testa

板足鲎是奥陶纪时期河口处最凶猛的捕食者。
图片来源：Wikipedia/Obsidian Soul

笔石动物化石图。
图片来源：Wikipedia/Wilson44691

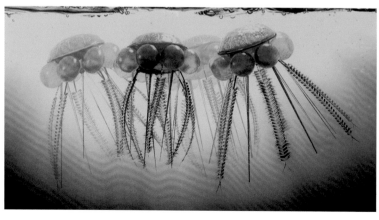

笔石动物的想象复原图。
图中水母状结构并不是一个生物体，而是众多笔石动物的集合体，最上面为浮囊，其每一根"触手"上细小的刺状物才是单个的笔石动物。
图片来源：123RF

有发现，所以就方便把全球不同地方但是同一时代的地层联系起来进行对比。在"金钉子"中有不少都是依靠笔石动物确定的，比如位于中国湖北省宜昌市王家湾村的"金钉子"，它是奥陶系与志留系的分界线。

　　时空穿梭机继续下降，我们会看到在海面之下生活着多种动物，其中头足类毋庸置疑是新一代的海洋霸主，它们种类繁多，依靠着自身坚固的外骨骼和相对强大的运动能力肆意捕食海洋中的其他生物。鹦鹉亚纲在这一时期已经出现，其中的房角石是这一时期最大的生物，最长可达9米以上，有些科学家认为它可能以三叶虫、海蝎、其他头足纲以及无颌鱼为生，也有科学家认为它们只是一些温和的滤食动物。除了房角石之外，这时候鹦鹉螺也可能已经出现了，与房角石不同，它们延续到了现代，所以我们

现代水族馆中的鹦鹉螺，它短小的触手中间有个粗大的喷水口，它们能够靠这个喷水口在海洋中相对快速地游动。同时，在侧面还有一对看似无神的眼睛，这在当时已经是很先进的器官了。

图片来源：Flickr/Bill Abbott

确定，它们是一种肉食性动物，会主动捕食比它们体型更小的动物。

海里还有另外一些动物在游荡着，它们形似鱼，体长只有1~4厘米，以滤微体植物为生。它们的完整化石极少被保存，但是其牙齿却经常被保存，下来，而且它们演化迅速，化石形态多样，常被用来作为"金钉子"的特征化石，它们被称为牙形石，我们在后面的故事中会介绍到。

此外，水母也拖着长长的触手在海水中漫无目的地四处游荡，它们可能在埃迪卡拉纪时期就已经出现，并一路繁衍至今。

当时空穿梭机到达海底时，我们会发现奥陶纪的海洋与现在看上去已经没什么差别了。珊瑚虫和苔藓虫构成的礁石就好像海底的摩天大厦，为其他各类生物提供了栖息之处。海百合在礁石之间摇曳，它们从奥陶纪开始出现，形似植物，实则是一种动物，以滤食海中的微生物为生，它们在海洋中留下了丰富的化石，我国贵州就盛产海百合化石。我们要是去国内的博物馆中看到了大面积的海百合化石墙，那它们十有八九就来自贵州。

在礁石之间，游动着的是我们的祖先——鱼类。不过这时候的鱼类都是无颌鱼，所谓的无颌就是没有可以张合的嘴巴，所以它们只能张着嘴巴滤食。这些古老的无颌鱼运动能力非常有限，大部分时候它们可能都在海底的泥沙间穿行，只有极少数时间才会真正像现在的鱼一样灵活地游动。正是因为运动能力有限，又没有颌，它们几乎没有应敌的手段，躲避的能

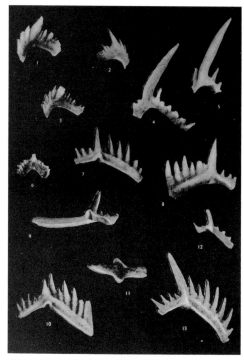

牙形石动物经常只留下这些牙形结构的化石，一度让人们对它的身体形态非常困惑 。

图片来源：Rexroad，Carl Buckner

海百合化石。　　　　　　图片来源：Wikipedia/Berengi

现生海百合。 图片来源：Wikpedia/Alexander Vasenin

① 笔石
② 角石
③ 牙形石
④ 海百合
⑤ 浮游藻类
⑥ 海葵
⑦ 珊瑚
⑧ 腹足动物
⑨ 双壳动物
⑩ 板足鲎
⑪ 甲胄鱼类
⑫ 苔藓虫
⑬ 三叶虫

奥陶纪部分生物及生态链示意图。　　金书援 / 绘

力也乏善可陈，所以不得不在身上披上厚厚的盔甲作为保护自己的方式——所以它们也被称为甲胄鱼类。

而在海底，则生活着瓣鳃类、腹足类、棘皮类动物如海胆、节肢动物如三叶虫等多种底栖动物，它们或是固着在海底礁石上，或是匍匐在泥沙之间，或是在泥沙之下打洞生活，其生活方式已经与现代我们见到的生物没什么区别了。这些种类繁多的古老生物在奥陶纪可能存在着复杂的摄食生态和食物网，不过很快，它们将会面临第一次重大打击——奥陶纪生物大灭绝降临。

当时的鱼个头都很小，大多身披重甲，行动缓慢，而且都没有上下颌，以滤食为生，可能绝大部分处于被捕食的地位。

图片来源：Nobu Tamura

奥陶纪生物大灭绝

20世纪80年代初，芝加哥大学的古生物学家杰克·赛普斯基（Jack Sepkosk）教授在研究海洋中科级生物多样性变化曲线的时候，首次提出了五次大规模生物灭绝现象。而后数十年

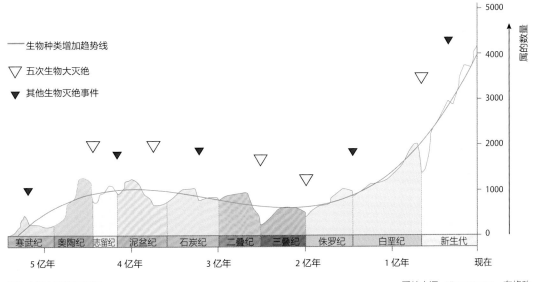

—— 生物种类增加趋势线

▽ 五次生物大灭绝

▼ 其他生物灭绝事件

属的数量

寒武纪 | 奥陶纪 | 志留纪 | 泥盆纪 | 石炭纪 | 二叠纪 | 三叠纪 | 侏罗纪 | 白垩纪 | 新生代

5亿年　4亿年　3亿年　2亿年　1亿年　现在

五次生物大灭绝示意图

图片来源：Albert Mestre，有修改

间科学家不断地研究这些大灭绝，为我们提供了越来越多关于生物大灭绝的证据。

在这些研究中，中国的科学家对奥陶纪生物大灭绝做出了极为重要的贡献。其中一个原因是中国华南地区有大量完整、化石丰富且时代连续的奥陶纪–志留纪地层，在此基础上，中国的古生物学家对这些地层进行了高精度研究，他们对这一时期内各地层的精确同位素年龄测量已经达到了十万年级甚至是万年级，利用测年数据搭配不同地层中发现的化石，就能以十万年或万年为单位，向我们构建出一幅完整连续的生物演化面貌，这种研究程度在国际上是绝无仅有的。

研究结果表明，奥陶纪大灭绝导致了海洋中大约50%的属和80%的种消亡，灭绝量在整个显生宙五次生物大灭绝中位居第二，但是尽管如此，生态系统却并未受到严重伤害。这种原因可能与奥陶纪生物大灭绝的特殊模式有关。

奥陶纪生物大灭绝是五次生物大灭绝中唯一一次灭绝原因没有什么争议的，国内外专家一致认为是奥陶纪末期的冰川事件导致了生物的灭绝。

在大约4.45亿年前的奥陶纪晚期，地球上进入一次短暂但比较强烈的冰期，全球海水温度在50万年内就下降了大约5℃。位于南极的冈瓦纳大陆几乎遍布冰川，冰川的形成导致了海平面快速下降，海平面的下降则导致适宜海洋生物生存的浅水区域大面积减少，栖息地严重丧失后大量生物灭绝了；与此同时，海水的迅速降温导致原本适宜于暖水环境的生物也大量死亡，这些生物被一些适宜于凉水生存的生物替代，这是灭绝的第一幕。

到了大约4.43亿年前，气温又快速回升，冰川融化海平面迅速上升，海洋深处的缺氧海水占领了原先的浅水区域，再一次导致了凉水生物群的灭绝，这是灭绝的第二幕。

不过是什么触发了冰川的发育呢？这一点目前还没有一个能够得到公认的解释，但是人们提出了一些推测原因：造山运动和

一般来说地质学的基本时间单位是百万年（Ma），也就是说地质学家只能将某一地质事件的时间确定在百万年级别，可能上下相差一百万年左右甚至更多。但是这在生物演化的研究中就非常不精确了，因为生物演化的速度非常快，一百万年间足以发生翻天覆地的变化。比如剑齿虎和猛犸象的灭绝，距今也不过是一万年而已。

所以中国的科学家在研究 4 亿多年前的事件时，能够将时间精确到万年级别，真的是一件非常了不起的事情。

陆地植物的扩张导致了风化和光合作用的增强，这两种作用都会导致二氧化碳含量的降低；冈瓦纳大陆漂移到南极可能使海洋暖流循环遭到破坏，热量无法正常循环，导致温度降低；剧烈的火山运动喷发出来的火山灰迅速遮蔽了阳光，这也是导致温度降低的原因之一。

奥陶纪生物大灭绝的启示

大灭绝使得原本的生态平衡重新洗牌，原有的优势物种快速衰落从而被新的优势物种替代，比如恐龙灭绝后被哺乳动物替代，这让生命演化的过程和轨迹发生了重大的变更，假如大灭绝未曾发生，今日的生物群必将面目全非。

在灭绝过程中，我们看到了温室—冰室—温室的快速气候变化对于生物演化的巨大影响，这对于现在也是一个很重要的启示，人类目前面临的气候变暖问题是不是也会导致大规模的生物大灭绝？这些生物灭绝导致的生态平衡被打破后，人类应该何去何从？人类目前的活动对于地球环境的改变速度前所未有，但是我们也需要发展，如何平衡发展与环境之间的关系？

地球演化中有很多"坑"，我们不踩很难知道，但是只要踩了就有可能灭绝，比如奥陶纪生物大灭绝就是因为环境的快速变化导致的，如何能够避开这些坑？这其实就是地质学家工作的一部分意义所在了。我们无法预测未来，但是希望能够通过揭示地球过去的历史，为人类的未来找到方向。

15 维管束植物出现

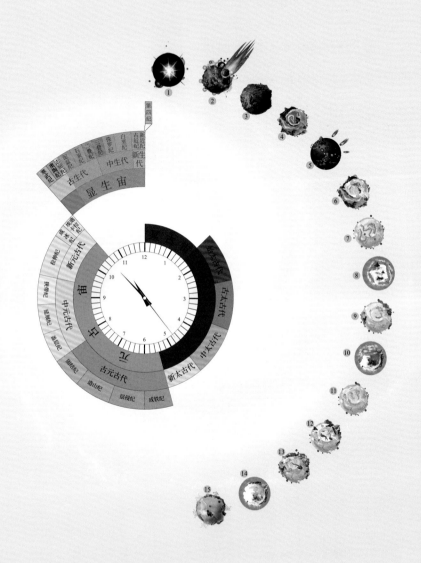

从4.32亿年前的志留纪早期开始，地球上出现了最早的维管束植物——原蕨类植物。那时它们还没有根和叶，只有光秃秃的茎秆，但很快就演化出根和叶，大规模制造土壤并提升大气中的氧气含量，为即将到来的动物登陆铺平了道路。

自从奥陶纪时期植物登上陆地以后，它们就迅速在陆地上繁衍开来了，就算是奥陶纪末期的生物大灭绝也未打断它们的演化过程。

最早的植物只是一些体型微小的似苔藓植物，这些植物虽然对陆地的恶劣环境有不错的适应能力，而且也可能极大改善了地球上的早期陆地环境，但是生存的压力却逼着这些植物继续进化下去。

一部分科学家认为维管束植物起源于藻类中的绿藻，还有一部分科学家认为蕨类植物起源于苔藓植物，这是一个有争议的话题。

学会用"吸管"喝水

在多细胞植物中，细胞已经产生了分化，一部分细胞专职进行光合作用制造营养，另一部分细胞则会变成一种类似生殖细胞的细胞，这些细胞无法自己合成营养物质，因此需要来自于光合作用细胞的营养物质才能够生活下去。原始的多细胞植物会形成一种被称为胞间连丝的结构，利用这种结构能够进行细胞质和营养物质的运输，这种方式所能运输的距离极短，可能经过短短几个或十几个细胞之后就已经效率几近于零了，因此早期的多细胞植物个头都很微小。

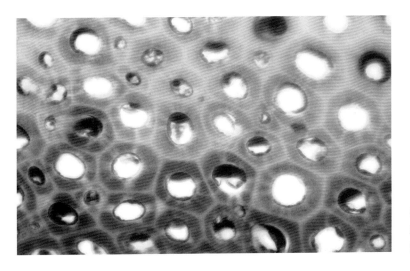

在细胞壁之间，穿越细胞壁的细丝状结构即为胞间连丝。
图片来源：Wikipedia

当登陆之后，这些微小的植物可能会面临两个问题：光合作用和繁殖。如果植物生长的地区刚好较为低矮，那么获得充足的阳光进行光合作用就是一个极为重要的事情，因此植物需要长得更高；此外，如果地面遍布低矮的同类，那些长得更高的植物无疑能够避免遮挡，获得更多的阳光，从而有可能存活得更久。此外，生物繁殖的本能要求它们将自身的孢子传播到更广泛的地方去，于是向高处生长就成为生存的关键。

更高的植物就意味着更多的细胞，原有的胞间连丝方式传输营养不再可行。此外，植物如果要长高，那么来自地下土壤中的矿物质需要向上运输，而来自高处光合作用的营养要向下运输到整个植株中去，所以进化出更有效率的营养传输方式就成为必然的选择。

基于这个需求，植物中开始分化出一些新的细胞，这些细胞构成了一种管状的通道，这种通道就好像一根根吸管，植物通过它们能够自由地将营养物质传递到全身各处。同时，为

显微镜下的现代维管束植物结构图，图中的大圆孔就是维管束，我们可以想象将一大把吸管插入水中，然后从吸管的正上方向下俯视，就是与本图差不多的效果。平时我们经常吃的藕、芹菜，折断时出现在断口的细丝也是维管束。

图片来源：Berkshire Community College Bioscience Image Library

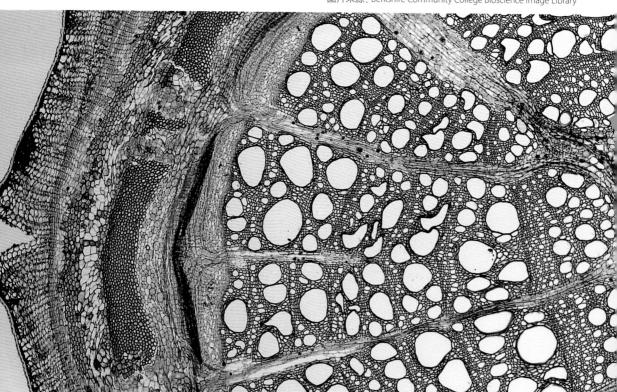

了支撑这些长长的"吸管"，细胞的细胞壁也开始变硬——这些新形成的结构被称为维管组织，维管组织集合在一起就形成了维管束。

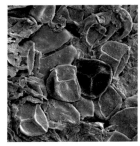

图中蓝色的即来自晚志留纪（4.2 亿年前左右）化石中的三缝孢子。

图片来源：Wikipedia/Smith609

当维管束出现之后，一种新的植物类型诞生了，这就是维管束植物。目前我们发现最早的维管束植物的证据是一些孢子。2009年，科学家在阿拉伯石油勘探的岩芯中发现了一些4.5亿年前左右微小的三缝孢子。在现代植物中，唯有蕨类植物才会产生这种三缝孢子，因此科学家们认为，这可能说明4.5亿年前就已经有最古老的与蕨类植物相似的维管束植物了。

目前真正被公认的早期维管束植物的实体化石证据是库克逊蕨，这种植物在大约4.32亿年前的志留纪早期就已经出现了。库克逊蕨个头纤细，茎秆直径可能只有2~3毫米左右，其末端可能只有1毫米，但其高度却可达到10厘米左右。而且最怪异的是，它们并没有叶子，只有光秃秃的茎秆和茎秆顶端的孢子囊。此外，它们与如今一般意义上的植物还有很大的区别，比如它们没有真正的根，只具有一些拟根茎或假根，这些器官主要起到了固着植物的作用，也初步具备了吸收土壤中的无机物和水分的作用，但是与现代植物的根系相比还是差得很远。因此，科学家专门为库克逊蕨以及其他类似的原始蕨类建立了一个植物门——原蕨植物门。

库克逊蕨到志留纪中晚期之后，已经广泛分布到全球范围内了。中国的地质学家在新疆、云南等地都发现了这种生物的化石，它们来自大约4.2亿年前的志留纪晚期的地层中。而且由于此时距离库克逊蕨最早出现的时候已经有1000万年之久，包括库克逊蕨在内的最早的维管束植物已经演化出了更多新

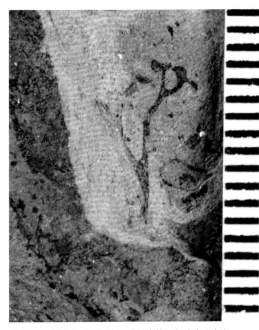

库克逊蕨的化石，右侧比例尺中黑白格子长度为 1 毫米。

图片来源：Bruce Martin

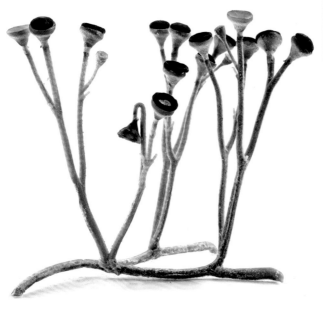

库克逊蕨的想象复原图。　　图片来源：Matteo De Stefano/MUSE

的类型，它们组成了一个原始的陆地植物生态群落。

4.32亿年前，库克逊蕨出现之后，原始的蕨类植物很快就演化出多种类型。科学家在中国江苏大约4.23亿年前的地层中研究植物孢子时发现了11属20种的三缝孢，这说明在1000万年内，原始的蕨类植物就已经快速演化了。而到了大约4.1亿年前的泥盆纪早期，它们就已经演化出了类似根和叶的结构，而且可能有些植物的体型已经达到了米级。从4.02亿年前开始，现代植物特征和多样性基本上都已经出现了。

基于这些研究，科学家将陆生植物的演化划分为3个时代：始胚植物时代、始维管束植物时代和真维管束植物时代。始胚植物时代从4.76亿~4.32亿年前，这个时代并没有发现植物的实体化石，只有大量的隐孢子被发现，它们预示着植物的登陆；始维管束植物时代是从4.32亿~4.02亿年前，这一时期发现了具有

① 库克逊蕨
② 莱尼蕨
③ 链形植物
④ 叠层石

志留纪晚期，植物已经登陆，并开始形成原始的生态群落。

金书援 / 绘

维管束但却非常原始的蕨类植物，它们包括前面讲到的库克逊蕨、石松类和工蕨类等；而4.02亿~2.56亿年前就被称为真维管束植物的时代。

维管束植物出现的意义

奥陶纪出现的似苔藓植物虽然已经登上了陆地，但是它们与现代的苔藓植物生活习性类似，只能生活在潮湿的岸边，无法向陆地更深处生长。维管束植物的出现改变了这一状况。

就植物的生态意义来讲，维管束植物与苔藓植物类似，都有助于制造土壤、改变地球上的氧气含量，并为动物搭建合适的生活环境。不过，维管束植物体型由于比苔藓植物高大许多，也有着与此对应的更加庞大的根系，这些根系破坏陆地裸露岩石的能力要比苔藓植物高出许多倍。

维管束植物更大的体型也意味着它们倒下后会形成更多有机物，这些有机物与破碎的岩石一起，以前所未有的速度形成土壤。此外，庞大的根系和更多的土壤也拦截了雨水，让原本较为干旱的内陆变得潮湿起来。这些因素加在一起，使得新鲜的土壤成为一个富含无机物、有机物和水分的地方。土壤表层变成了苔藓植物的天堂，而土壤内部则成为古菌、真菌、细菌、藻类等各种微生物的乐园。这些生物构成了一个复杂而全新的生态系统——土壤生态系统。

在这个生态系统中，生物们各司其职。大型植物为底层生物提供了遮蔽，它们死亡后则为这些生物提供了充足的有机物营养；有些微生物利用其固氮能力与植物根系生长在一起，为植物提供充足的氮肥。有些则利用其分解无机物的能力，将岩石碎屑分解为更容易被植物吸收的无机物离子；有些腐生性生物将死亡的各类生物重新消化变成无机物回到整个生态循环中去。

随着维管束植物的扩张，这个复杂的土壤生态系统也随之扩张。游戏《星际争霸》里有一个虫族，必须要在被菌毯覆盖的土地上才能建造建筑，生产虫族士兵。土壤就像菌毯一样，随着维管束植物的扩张而不断在地球表面扩张。土壤的扩张最终为动物的登陆和演化提供了完美的栖息场所。

在增加氧气含量方面，这些维管束植物也做出了非常大的贡献。有科学家曾经计算过地质时期的氧气变化情况，在4亿~3.6亿年前，地球上氧气含量从现代氧气含量的15%跃升到30%左右，这可能就与维管束植物演化出了叶片后的大规模光合作用过程有关。

16　动物登陆

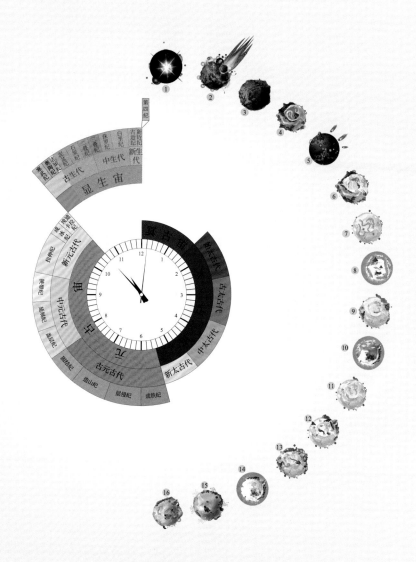

至少从 4.28 亿年前的志留纪晚期开始，地球的陆地上就已经出现了陆生动物。这些节肢动物早早地登上了陆地表面，与各种植物一起构成了完善而复杂的陆地生态系统。

志留纪是一个非常重要的过渡性时代，不仅植物长出了维管束，真正有能力进军内陆地区，与此同时，可能也发生了节肢动物登陆的事件。

在生物演化方面，节肢动物是一种非常成功的生物，单看现在的动物界，节肢动物门的物种数量约为120万种，占整个动物界物种数量的80%。它们活跃在各个地方，从令人讨厌的蚊子、苍蝇、蟑螂，到可怕的蝎子、蜈蚣、蜘蛛，再到水中的虾蟹类等，都属于节肢动物。要是从地质历史上来看更不得了，寒武纪时期最先称霸海洋，也最先爆发性演化的就是节肢动物——当其他动物还是运动能力差、个头微小的模样时，体型长达1米的奇虾已经称霸海洋了，而种类繁多的三叶虫更是贡献了澄江动物群中37%的生物种数。

这些生物擅长适应极端环境，生存能力强大，演化迅速，因此很容易在演化中捷足先登，在登陆中和登陆以后都是如此。目前发现最古老的陆地足迹化石、最早确定的陆生生物、最早的陆地霸主、最早能飞的生物，都是节肢动物。

可能也正是节肢动物在演化中如此耀眼的原因，很多小说、电影、游戏中都专门设定了一个"虫族"的角色作为人类星际时代的强大对手。比如在游戏《星际争霸》、科幻电影《星河战队》中设定了一个极其强大的种族，它们没有个体智慧，完全靠脑虫的指挥，虫群中等级分明，有专门的工虫、兵虫等职业划分，一如现代的蚁群和蜂群。而且它们的基因变异极快，能够迅速根据敌人的武器配置进化出对应的克制手段。在电影中，人类几乎次次都被虫族打退。

当然，真实的"虫族"并没有发展出如此高的智慧，不过它们的适应能力确实也令人叹为观止——它们可能在4.9亿年前的寒武纪末期到奥陶纪早期就已经开始尝试登上陆地或者在海滩上活动了。它们的活动足迹被细腻的沙滩掩埋，变成了砂岩中的珍贵化石。

科学家对登陆这一概念也有争议，比如是全生命周期中都在陆地才算登陆，还是说绝大部分生命周期都在陆地，只有产卵才回到海洋也算登陆？

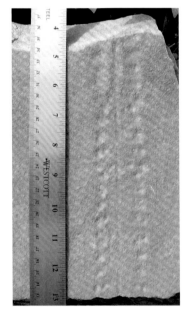

寒武纪时期的某种节肢动物足迹化石，有科学家认为这是它们在潮间带活动时留下的。

图片来源：Wikipedia/Kennethcgass

不过当时的陆地上并没有节肢动物生存的环境：大气中氧气含量稀薄，紫外线比较强烈，而那时候陆地植物可能也没有出现，它们自然就找不到庇护所和食物，所以可能只在海滩上短暂停留后就再次回到了海洋中。

至于它们为什么会冒险到海滩上，也有不同的说法。有些人认为它们可能是为了躲避捕食者，或追逐猎物；有些人则认为是拜潮汐所赐。来自月球和太阳的引力会吸引海水，让海水周期性涨落，涨潮时生物自然随着海潮到达了海滩的高处，但是随着海潮回落，有些生物被遗落在湿嗒嗒的海滩上，其中不仅有各色藻类植物，还会有各种小动物，这些小动物为了逃回海洋中自然就会在海滩上爬行留下足迹。现代赶潮的原理也是类似，潮水涨落使得许多生物遗落在了海滩上，人们就趁着潮水退去捡拾各种海洋生物。

无论是植物还是动物的登陆都与潮汐有关系。动物可以移动回到海洋中，但是植物并没有长腿，它们不得不匍匐在海岸上忍耐着强烈的紫外线和阳光暴晒，其中不能适应的就直接死亡了，但是总会有少数幸运儿能够坚持到下一次潮水来临，获得水分和海洋暂时的保护，从而能够继续生活下去，久而久之，一部分植物适应了这种半海水半陆地的环境，再有一部分则干脆与真菌结合形成地衣，能够长期生活在陆地上。这些地衣中又演化出原始的似苔藓植物，或者是与此同时另外一部分海洋植物也适应了陆地环境，变成似苔藓植物。

现代海岸边，每次落潮之后总会有各种各样的海洋动植物出现在海滩上，地质作用的基本原理也都是类似的，在遥远的地质历史时期，潮汐之后，每到落潮之际，就会有大量海洋生物被遗留在海滩上。
图片来源：Flickr/Yoni Lerner

　　真正无可置疑的最早的陆地生物出现在4.28亿年前，它们被命名为纽氏呼气虫，这是一种非常类似现代千足虫（马陆）的生物，体长只有1厘米左右。说纽氏呼气虫是无可置疑的陆地生物是因为在它们的化石附肢上发现了气门，气门是一些非常细小的小孔，能够让空气进入它们的气管参与到呼吸过程中。这种气体交换系统只能在陆地上发挥功能，因而它可能就是最早的陆地生物之一。考虑到气门的演化也需要时间，所以科学家认为这些节肢动物可能从奥陶纪时期就开始了陆地化进程，它们与植物一起登陆，然后逐渐适应陆地生活。

纽氏呼气虫想象复原图。

图片来源: Matteo De Stefano/MUSE

　　关于动物与植物一起登陆的证据有很多，无论是在国内还是国外都发现过。在中国新疆发现的志留纪晚期植物化石中，人们发现库克逊蕨孢子囊的边缘带有刺，另外一种植物的枝干表面也布满刺。在现代植物中，这些小刺主要是植物用于保护自身免受陆生无脊椎动物的伤害。志留纪植物出现这些小刺意味着当时可能早已出现了陆生无脊椎动物了，而且动物与植物一起协同演化了许多年。

　　国外的证据则比较清晰地展示了这一点。地质学家很早就在德国、加拿大、美国、英国等多地的地层中都发现了古老的千足虫化石，但是最近才确定了它们的精确年龄为4.25亿年。从这些化石的保存环境看，当时生物可能生活在内陆淡水湖泊中。化石本身并无陆地生存的特征，但在化石发现地附近也发现了维管束植物化石，因此有科学家推测其中的一部分化石可能是水陆两栖节肢动物，以岸上的维管束植物（库克逊蕨）的腐烂部分或植物体为食，但平时生活在水下。可能正是陆地上旺盛生长的植物诱惑着水中的节肢动物，让它们从水中爬出到岸上取食，而后随着时间的流逝，它们越来越习惯陆地生活，最终完全变成了陆生生物。

当然，需要明确的是，节肢动物的登陆并不只发生了一次，它们可能独立发生了许多

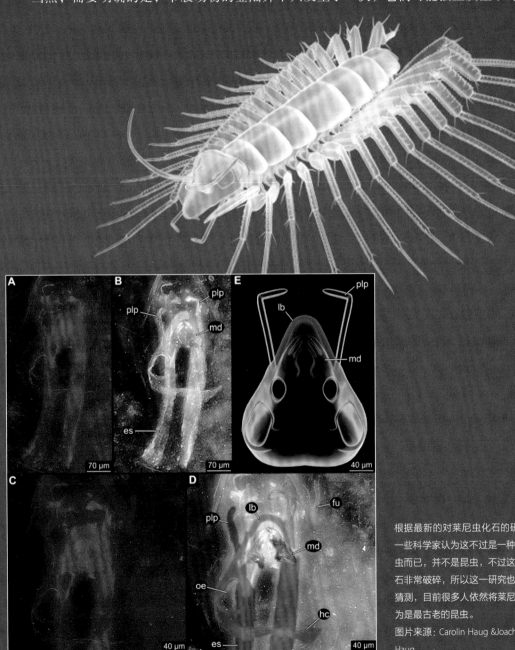

根据最新的对莱尼虫化石的研究，一些科学家认为这不过是一种千足虫而已，并不是昆虫，不过这个化石非常破碎，所以这一研究也只是猜测，目前很多人依然将莱尼虫认为是最古老的昆虫。

图片来源：Carolin Haug &Joachim T. Haug

次。换句话说，现生的陆生节肢动物来自多个不同的海生节肢动物祖先。根据分子钟的估计，在5亿年前左右的寒武纪时期很有可能就已经有一部分多足动物开始以沿海的微生物藻席和可能已经存在的地衣为食了，而这些植食的多足动物则吸引了古老的蛛形纲生物（包括如今的螨、蜱、蝎子、蜘蛛等）的捕食，这些蛛形纲生物可能从那时起就是肉食性生物了，它们追逐着多足动物的脚步也逐渐变成了陆生生物，那些海边的古老生物足迹化石也是一个佐证。节肢动物还有另一个兴盛的门类，那就是现在围绕在我们身边的蜜蜂、蚂蚁、蟑螂等极为常见的昆虫，根据分子钟的推算，最古老的昆虫可能出现在4.79亿年前的奥陶纪早期，不过其最早的疑似化石证据则出现在4.2亿年前，那是一只莱尼虫的头部残片化石。有些人认为化石头部很像双髁亚纲昆虫的上颚，因此认为这是一只昆虫，不过还有科学家在研究之后认为它可能更像是一只千足虫。

分子生物学的证据表明很早就已经出现了节肢动物登陆的现象，而且化石的证据确实也表明节肢动物是与植物同步登陆的，所以如果激进一点的话，可以把植物登陆的时间就定位成动物登陆的时间。不过鉴于化石证据的稀缺性，我们可以保守一点认为至少在4.28亿年前节肢动物就已经完全生活在陆地上了。那时候的陆地上已经开始多样化起来，维管束植物与苔藓、地衣、土壤、真菌、细菌等构成了矮小但层次分明的原始陆地生态系统，节肢动物可能跟现在相似，大部分生活在土壤中，千足虫一边以植物为食，一边躲避着蛛形纲生物的捕食。

17 颌的出现

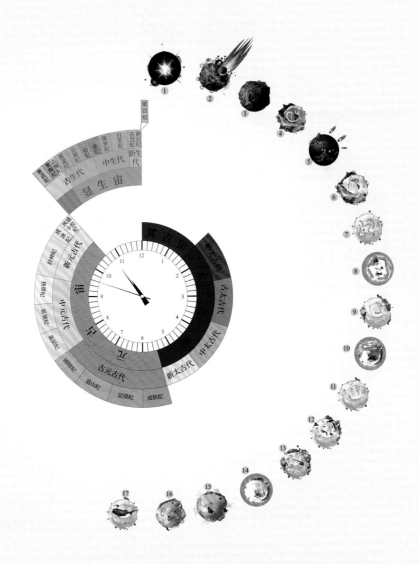

从4.23亿年前的志留纪晚期开始，有颌鱼类开始出现。颌是一种极为重要的器官，让鱼类迅速摆脱了被捕食的命运，并取代节肢动物和头足动物成为海洋中的新霸主。但同时，它们也将自己的前辈——无颌鱼赶尽杀绝了。

志留纪对动植物都是一个极为重要的过渡时代。这一时期出现了维管束植物，它们让植物摆脱了微小的个头，成为高大的植物，并极大改变了地表的面貌、制造了土壤生态系统，同时还极大提高了地球大气中的氧气含量。而对新环境适应能力极强的节肢动物则随着植物扩张的脚步几乎同时登陆到了地面生活，并构建出复杂的生态系统。

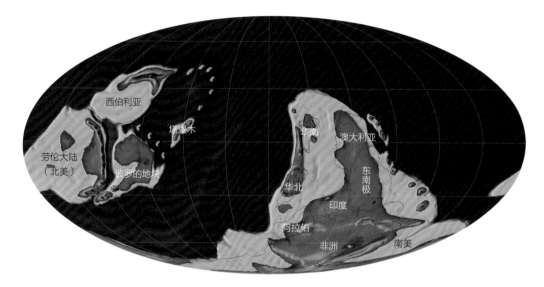

大约 4.3 亿年前志留纪中晚期的地球古地理复原图，这时候随着植物的扩张，地球陆地上已经出现了一丝丝的绿意。

而这一章将会介绍发生在脊椎动物身上的故事。在讲故事之前，不妨做个小游戏：试着张一张嘴、讲一句话，或吃一口小零食，然后体验一下发生了什么事情。在这个过程中，肌肉牵动了你的下颌，让它张开又闭合，尤其是在吃牛肉干的时候这种体验会更强烈——肌肉发力让下颌使劲与上颌闭合，坚硬的牙齿就在这个张开又闭合的过程中将食物嚼成可以下咽的糊状。

再回想一下我们在电视、电影中见到过的那些史前怪物：巨鳄、恐龙、洞狮、剑齿虎，它们无一不是以血盆大口的形象出现。艺术家可能没有意识到，在他们的潜意识中，这些巨兽最可怕的武器不是它们的利爪，而是它们的嘴巴！

在真实的地质历史中也的确如此。早期的脊椎动物不具备可以开闭的上下颌，因此被称为无颌生物，它们最初只能在海底的泥沙间游动，滤食其中的有机颗粒。但是它们逐渐演化出了颌骨，这让它们迅速"翻身农奴把歌唱"，成为海洋中新一代霸主，并最终登上了陆地，成为陆地主宰——这一章的故事将会介绍颌的演化过程。

人类远祖的艰难求生路

在最新的生物演化理论中，脊椎动物可能演化自某种海鞘的原始类型。观察现代的海鞘可能会对理解这个故事有所帮助。在现代海鞘种类繁多形态各异，不过总体而言它们的身体结构与茶壶类似，壶底固着在礁石之上，壶口和壶嘴则分别是其入水管孔和出水管孔。它们将海水从入水管孔吸入体内，咽喉部过滤获取了海水中的有机颗粒后再将其从出水管孔排出。

但是真正的主角是海鞘的幼体。它们的幼体外形酷似蝌蚪，有明显的头部和尾巴，最重要的是，在它们体内有一个直达尾部的脊索。这些幼体会在海水中像蝌蚪一样自由游动，当它们找到合适生存的固着物如礁石后，就会用身体前端吸附住礁石开始生长。在它们生长的

印度尼西亚科莫多国家公园内的金嘴海鞘，可以明显看出它的出水管孔和入水管孔。　　　　　图片来源：Nhobgood Nick Hobgood

149

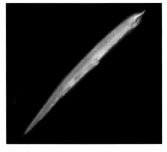

文昌鱼。
图片来源：Hans Hillewaert

墨西科钝口螈就是幼态持续的典型生物。
图片来源：Flickr/Luke.Larry

过程中，其尾部连同体内的脊索都逐渐萎缩消失，整体膨大变形成为成体海鞘的模样。

海鞘的这种幼体—成体完全不同的生长过程被称为变态发育，就跟我们见到蝌蚪—青蛙的变形是一样的。最原始的海鞘可能就与现代海鞘类似，它们分为固着生活的成体和蝌蚪状的幼体两个生活阶段。但是在某个时候它们的幼体由于某种原因并没有固着生长，而是长时间保持则幼体状态，形似蝌蚪的幼体以滤食为生，但是具有性早熟的现象，也就是说它们不需要经历成体的固着阶段即可繁殖后代。

其中的一个侧支演化成头索动物。这些动物原本只在尾部有一条尾索，但是在演化过程中，脊索向前延伸到背神经管的前方，所以叫作头索动物。它们的名称中虽然有"头"字，但是却并没有真正的头部，不过它们的形态已经很像真正的鱼了。它们喜欢生活在水质清澈的浅海海底的泥沙中，平时会将大半身体埋在泥沙里面，身体的前端则暴露在水中，所以也被人们用作一种海水洁净程度的指示生物——是的，头索动物中的代表动物至今还存活着，而且一度被作为一种著名的零食，它们的名字叫作文昌鱼，我国的青岛和厦门是它们的主要栖息地。文昌鱼的古老性对于研究脊椎动物起源有极为重要的意义，它们也因为捕捞面临枯竭，所以也成了我国的二级保护动物。

这些古老海鞘幼体中的主干部分继续演化并分化为两支，一支

在现代生物界中，幼态持续现象非常常见。比如墨西哥钝口螈，因为头部的六根外鳃让它看上去类似中国传统神话中龙的形象，所以在中国也比较有名。它在自然状态下从幼体到成体基本不会发生变化。但有科学家在人工饲养条件下将其诱导变成了成体，其成体与虎纹钝口螈很相似。最神奇的是，可能由于它的幼态持续性，所以许多重要器官都可以重生，比如脑部、眼睛、四肢等都能够在受到创伤后重新长出新的来。

也有科学家提出来，人类作为灵长类中唯一没有茂盛体毛的类型，很可能因为人类也是幼态持续的——我们以灵长类幼年的形态生长并性成熟。而那些所谓返祖的浑身长满毛发的人，可能就是极少数长到成体的。

而最近又有科学家利用分子系统学的理论认为海鞘幼体的发育并不能演化成脊椎动物。

是恢复了变态发育的过程，成体继续固着生活，最终变成了现代的海鞘；另一支幼体期继续延长，最后固着生活的状态逐渐被淘汰掉，生物在全生命周期中都只以幼体的状态生活。这一支就演化成了早期的无颌脊椎动物，也就是我们在寒武纪生命大爆发中提到的最古老的脊椎动物——大约5.4亿年前出现的海口鱼、昆明鱼等。这个理论最早是由英国生物学家沃尔特·加斯唐（Walter Garstang）在1928年提出的，被称为幼态演化假说。

这些古老的脊椎动物最初延续了蝌蚪状幼体的滤食特征，因而没有可以开闭的上下颌，这使得它们只能在海底的泥沙间扑腾。它们最初体型极小，只有几厘米长，自然不是那时候庞大的节肢动物的对手，所以在寒武纪时期，这些古老的脊椎动物可能处于生态链最底层，被其他体型更大的肉食生物肆意捕杀。

寒武纪晚期这些古老的鱼类开始演化出一个分支——牙形动物。我们在前面提到过这种化石，科学家将其作为地层对比的特征化石使用。目前中国的11个金钉子中，有4个就是主要依据牙形石来确定的。

牙形动物形似鳗鱼，体长只有2~5厘米，拥有一对大眼睛，这让它们看起来非常可爱。根据它们的牙齿齿形来看，有一部分牙形动物是滤食性的，另一部分则是主动捕食的，它们并没有颌，无法通过上下颌的闭合来咀嚼，不过它们创造性地将多个不同形态的牙齿组合在一起，用肌肉直接控制这些牙齿的运动，产生类似于两颗齿

牙形动物的想象复原图。　　　图片来源：Nobu Tamura

轮咬合在一起的效果，这就让它们的牙齿有了类似"咀嚼"的功能。牙形动物的出现可能让原始的脊椎动物一定程度具备了肉食能力，不过它们体型一直较小，依然处于被节肢动物和头足动物捕食的境地。到了三叠纪末期，它们最终全部灭绝了。

人类的直系祖先鱼类可能到了奥陶纪时期才稍稍有了一点自保能力——它们开始在身体外侧长出厚重的盔甲。目前发现最早的甲胄鱼是奥陶纪中期（大约4.7亿年前）的阿兰达鱼，除此之外在奥陶纪时期还有另外一种比较主要的鱼——4.5亿年前的星甲鱼。总体而言，奥陶纪时期这些甲胄鱼大多个头比较小，约10~20厘米左右，因为其外部包裹了厚厚的甲胄，游动能力比较弱。不过它们利用了磷灰石作为骨骼，这种材质具备介电性能，能够探测到附近生物的生物电及其位置，所以虽然笨重不堪，但是甲胄鱼依然能够提前逃跑，从而大大提高存活率。

一直到奥陶纪末的生物大灭绝，无脊椎动物的大量减少给甲胄鱼类让出了一定的生态空间，因此在奥陶纪之后的志留纪，甲胄鱼类开始繁盛起来，同时，它们也开始演化出颌这个重要的武器。

颌的出现

在熬过了奥陶纪末期的生物大灭绝之后，甲胄鱼们迅速繁盛，演化出了异甲鱼亚纲、骨甲鱼亚纲、盔甲鱼亚纲等6个亚纲的鱼类。其中异甲鱼亚纲下就有300多个种，骨甲鱼亚纲之下有200多个种，盔甲鱼亚纲也有100个种左右。不过这些鱼的个头依然比较小，大部分体长在20厘米左右。相比而言，那时候最大的节肢动物——板足鲎体长普遍约1~2米，所以无疑，这些甲胄鱼在志留纪时期的生存竞争中依然处于非常不利的位置。

但是，在这种甲胄鱼类的大辐射之中，有颌鱼逐渐开始出现了，这些证据来自中国的化石。2011年，我国的古生物学家朱敏和盖志琨发表了一篇论文，介绍到了他们在浙江发现的一条鱼化石，这条鱼生活在4.35亿年前的志留纪早期，被命名为曙鱼，意思是为颌的演化带来曙光的鱼。传统的无颌鱼只有一个鼻孔，它们

曙鱼想象复原图，中间的大孔是鼻子而不是嘴巴。

图片来源：Nobu Tamura

国外邓氏鱼化石照片，在中国古动物馆也能见到这一化石的复制品。

图片来源：Flickr/Neil Conway

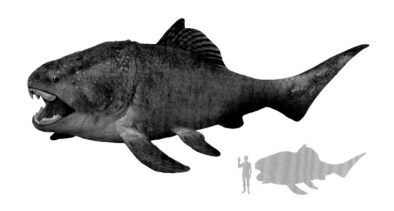

艺术家对邓氏鱼的想象复原图，右下角为人与邓氏鱼体型大小对比。

图片来源：Wikipedia/Tim Bertelink

长在鱼的中央鼻垂体板之上，而这个鼻垂体板与其他结构一起构成了一个鼻垂体复合体，阻挡了无颌生物形成颌。而有颌生物则都有两个鼻孔，这是因为鼻垂体复合体已经分裂，在分裂的过程中让开了空间，让颌骨得以发展。曙鱼是一种盔甲鱼，虽然并没有发育出颌来，但是已经有了分裂的鼻垂体复合体，这是颌出现的曙光。

由于盔甲鱼与盾皮鱼有共同的祖先，盔甲鱼可能从它的祖先处继承了鼻垂体复合体分裂的特征，不过这一特征并没有被盔甲鱼利用好，而是被盾皮鱼发扬光大了——盾皮鱼因为这个优势而演化出了真正的颌。

有了颌的盾皮鱼很快发展壮大，其中最著名的要数泥盆纪时期的邓氏鱼了，它们的体长最大可达9米，重量达到4吨。其头部由厚甲覆盖，口中并无牙齿，但是头甲的锐利边缘形成了类似嘴喙的结构，它强有力的上下颌则让嘴喙代替了牙齿，成了它最有力的武器。喙尖的咬合力可达6000牛，后排的刃片咬合力可达7400牛，这种强大的咬合力让它们可以一口咬碎节肢动物、其他甲胄鱼以及菊石等头足动物的外壳，这让它们成为泥盆纪的海洋新霸主。

当然邓氏鱼只是盾皮鱼的一支。在盾皮鱼出现后，它们在志留纪晚期很快演化出硬骨鱼、软骨鱼、棘鱼这三种鱼，其中硬骨鱼是现代世界主要的鱼类型，鲫鱼、鲤鱼、黑鱼等都是硬骨鱼，连人类自己，其实也是由硬骨鱼中的肉鳍鱼演化而来；软骨鱼中的典型代表就是现代海洋中的鲨鱼了，它们除了牙齿为硬体之外，所有骨头都是软的，人们所说的鱼翅就是它们的鱼鳍；棘鱼则是一种已经灭绝的鱼。

从盾皮鱼向硬骨鱼演化的中间化石由中国的科学家发现了。这一化石的发现地在云南曲靖潇湘水库附近，这里有众多鱼类化石，它们构成了潇湘动物群。这个过渡的化石被称为长吻麒麟鱼，它前半部分覆盖有大块骨甲，与盾皮鱼非常相似，但是颌部的骨骼却是典型的硬骨鱼样式，向我们展示了硬骨鱼就是由盾皮鱼直接演化而来的。随后，科学家又在潇湘动物群中发现了最古老的硬骨鱼：初始全颌鱼。从盾皮鱼到过渡时期的长吻麒麟鱼到最早的硬骨鱼初始全颌鱼的演化链条中，不难看出来，我们的直系祖先可能就是这种全身被盔甲包裹，但是却长了颌的原始模样。

有颌鱼类出现后，很快就占据了生态链中的高位。依然是在潇湘动物群中，科学家发现了一条生活在4.23亿年前的大鱼：钝齿宏颌鱼。它的体长竟然达到了1.21米，几乎是此前发现过的化石中最大的鱼类了。钝圆形的牙齿暗示着它们可能为甲食性，也就是说主要吃带硬壳的食物，无论是节肢动物、头足动物还是甲胄鱼类，都是这些张开血盆大口的鱼类的美食。

由于有颌生物的出现，原本在志留纪及泥盆纪早期极为繁盛的无颌生物——甲胄鱼类开始迅速衰败。它们没有颌，因此依靠鳃进行滤食，为了获取足够的食物又不得不把它们的鳃腔加大，这导致它们普遍都有一个异常宽大的头部，和相对不成比例的尾部。同时，滤食性导致的进食效率低下和能量获取效率低下，又使得甲胄鱼运动能力不足，后果就是不得不依靠厚厚的甲胄进行防护，这进一步降低了它们的运动能力。等到有颌动物的出现，张开血盆大口的甲胄鱼很快就将自己的前辈作为了食物来源——无颌生物就此逐渐灭绝。

当时中国南方鱼类复原图，近景是邓氏甲鳞鱼，中间的是初始全颌鱼；远景是宏颌鱼。　图片来源：Wikipedia/Tim Bertelink

① 笔石　　　⑩ 板足鲎
② 角石　　　⑪ 甲胄鱼类
③ 牙形石　　⑫ 苔藓虫
④ 海百合　　⑬ 三叶虫
⑤ 浮游藻类　⑭ 钝齿宏颌鱼
⑥ 海葵　　　⑮ 初始全颌鱼
⑦ 珊瑚　　　⑯ 丁氏鳞甲鱼
⑧ 腹足动物　⑰ 在陆地活动的节肢动物
⑨ 双壳动物

随着颌的出现，鱼类开始变成海洋中的捕食者，
海洋中的竞争一下子变得激烈起来。　金书援 / 绘

18 鱼类登陆

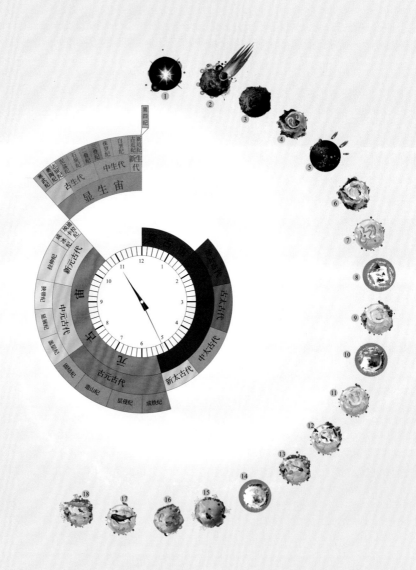

鱼类在4.19亿年前就演化出了肉鳍，但登陆是一个艰难而漫长的过程，直到5000万年后的3.7亿年前，才逐渐出现了真正意义上的四足动物——棘螈和鱼石螈，它们的出现意味着鱼类完成了由水向陆的飞跃。

　　3.8亿年前，此时距鱼类长出颌骨已经过去了4000万年，在以邓氏鱼为代表的有颌鱼的捕杀下，志留纪和泥盆纪早期繁盛的甲胄鱼类已经开始走下坡路，节肢动物和头足动物此时也威风不再，开始成了有颌鱼类的猎物。正是在这种生态优势之下，它们从原始的有颌鱼——盾皮鱼中演化出7个支系，350多个属，游弋江河湖海之间，寻觅着体型比它们小的各类生物，占据了从高到低的各种生态位，让泥盆纪成了名副其实的"鱼类时代"。

鱼类登陆

　　盾皮鱼出现后，演化出棘鱼和硬骨鱼，棘鱼随后又演化成软骨鱼，具有代表性的是鲨鱼；而硬骨鱼则是脊椎动物演化的主力，它们的后代占据现代脊椎动物种数的98%，这一篇的故事就发生在硬骨鱼中。

　　硬骨鱼高纲之下有两支，一支被称作辐鳍鱼，它们的鱼鳍是辐射状的，就像一把把小扇子，由此得名。如今的草鱼、鲤鱼等都是辐鳍鱼。目前发现最古老的辐鳍鱼是位于中国的晨

软骨硬鳞鱼亚纲
全骨鱼亚纲
多鳍鱼亚纲
真骨鱼亚纲
腔棘鱼纲
肺鱼亚纲
两栖类
爬行类
鸟类
哺乳类

软骨鱼纲

肉鳍鱼总纲

① 辐鳍鱼总纲
② 四足形亚纲

已灭绝的原始
有颌鱼类

硬骨鱼高纲

现存无颌鱼类

已灭绝的无颌鱼类

无颌鱼类

最早的鱼类

鱼类是所有现代哺乳动物的祖先。

金书援 / 绘

157

晓弥曼鱼，它生活在距今4.1亿年前的泥盆纪早期。

硬骨鱼的另一支被称为肉鳍鱼，它们最大的特点就是鳍变成了肉肢状，在肉肢内部开始出现支撑性的骨骼，这种独特的结构让某些肉鳍鱼得以登上陆地并在陆地行动，最后演变成我们现在见到的陆生脊椎动物。

可能有些人认为这些肉鳍的出现是鱼类在主动适应陆地环境，为了爬上陆地才演化出来的。但实际上肉状鳍只是生物演化过程中多样性变异的一种。在演变过程中，有些海中的鱼逐渐演化出了肉鳍，这些肉鳍最初并没有让它们的生存率下降，于是就一直保存了下来。目前发现最古老的肉鳍鱼是梦幻鬼鱼，它体长只有30厘米左右，生活在大约4.19亿年前的志留纪晚期，其化石发现于我国云南，它生存的年代比鱼类登陆要早4000万~5000万年。

随后，有一些肉鳍鱼逐渐开始定居到海底或淡水环境中，肉鳍的存在让它们在水底爬行更有优势，于是这一特征也就越来越突出，这些鱼越来越像四足动物。科学家把这些像四足动物的鱼类以及它们的后代——真正的四足动物，合并在一起称为四足形类，或四足动物全群。

早期的四足形类更像鱼，目前发现最古老的四足形类是奇异东生鱼，它全长只有12厘米，生活在大约4.09亿年前的泥盆纪早

肉鳍鱼的祖先可能与如今肺鱼的祖先类似，具有肺和鳃两套系统，因此能够在陆地上短暂生存。但是这种肺极为原始，气体交换效率远远比不上鳃，所以最初登陆的肉鳍鱼可能面临稍微动一动就缺氧濒死的危险。

肉鳍鱼的肺和辐鳍鱼的鱼鳔是同源器官，它们在演化过程中发生了分化，一个变成了储存气体的鱼鳔，另一个变成了充满细小血管和肺泡的肺。这种分化也让辐鳍鱼完全失去了登陆的可能性。

梦幻鬼鱼想象复原图，可以看到短小的肉鳍。
图片来源：Wikipedia/
ArthurWeasley

期，其化石位于我国云南省昭通市。它们出现了一部分四足动物的特点，但其他部分依旧保留着肉鳍鱼的特征。

稍晚时候出现了大量其他四足形类的鱼，它们与真正的四足动物也越来越像。比如潘氏鱼，体长可达1.5米，前肢发达，头部扁平似两栖类，背部无鳍，只有尾鳍。它们可能生活在3.85亿年前，主要在浅滩或河底淤泥中活动，但是已经能用前肢在陆地活动，并利用肺呼吸了，不过它们依然是鱼而不是四足动物。

大约3.75亿年前出现的提塔利克鱼则被看作是鱼—四足动物之间的过渡物种。它身上既有鱼鳃和鱼鳔这些鱼类的特征，也有强壮的前肢和肋骨、肺和颈部等两栖类的特征，而且在它的前肢处还出现了趾骨，这些特征都让提塔利克鱼能在陆地上爬得更久一点。

泥盆纪鱼类登陆过程及部分生物想象复原图，部分生物因画幅原因未按比例绘制。 金书援 / 绘

① 邓氏鱼　　④ 提塔利克鱼　　⑦ 苏铁植物　　⑩ 鳞木
② 奇异东生鱼　⑤ 鱼石螈　　　⑧ 肋木　　　　⑪ 节蕨植物
③ 潘氏鱼　　　⑥ 种子蕨植物　⑨ 古羊齿　　　⑫ 原始蕨纲植物

到了大约3.7亿年前，这些生物中演化出了棘螈和鱼石螈，我们从它们的化石和复原图中可以看出来，它们不再是鱼的模样，而是更加接近四足动物。一般认为它们绝大部分时间依然生活在水中，依靠前后肢划动和尾巴的摆动来游泳。根据化石也可以分析出它们的运动方式，由于它们后肢依然比较弱小，无法支撑自身的体重（鱼石螈体长1.5米，棘螈体长0.7米，都是不折不扣的大家伙），因此它们可能像是现代的弹涂鱼一样，依靠前肢快速移动一段距离之后就需要休息。

蹒跚之旅

在经典的解释中，鱼类登陆是因为泥盆纪气候炎热，河流、湖泊等经常干旱，所以肉鳍鱼需要不断迁徙，寻找未干涸的水域。在迁徙中，它们不可避免地要在陆地上爬行前进，最终它们适应了陆地上的生活。

但还有科学家认为，驱使这些肉鳍鱼登陆的因素是食物。在泥盆纪末期，森林已经在陆地上广泛分布了，节肢动物也早已登上了陆地，植物和节肢动物让陆地成为一个食物繁多的乐土。虽然原始的四足形类看上去都很笨重，似乎无法灵活地捕捉猎物，不过它们的幼体因为体重小，相对灵活，所以捕食更加容易。同时，幼体在陆地上待的时间相比于成体也更长一些。于是在对陆地食物的开发过程中，四足形类上岸的时间越来越长，最终出现了都在陆地生活的四足动物。

在这些肉鳍鱼登陆的漫长历程中，它们不得不经历多方面的考验和改变，如支撑和运动方式、捕食和呼吸方式、感觉系统等。

在水中，鱼类受到水的浮力会抵消很大一部分重力，它们几乎不需要花费额外的力量就能支撑起自己的体重。所以它们可以长得很庞大，一如现代生物中的蓝鲸一样。但到了陆地上，没有了海水的浮力，重力将会作用到身体的每一个部分。体内过于庞大的内脏必须缩小才能防止挤压和坍塌，屡弱的骨骼和肌肉不得不加强才能支撑起整个身体的重量。这种巨大的环境变化将要它们花费漫长的时光才能适应。

还有就是运动方式的改变。在水中，肉鳍鱼只需要划动肉鳍，左右摆动脊椎拍打水流就能获得前进的动力，但是当它到陆地上以后，单靠扭动脊椎是无法为自己提供前进动力的。肉鳍首先要向下垂直支撑身体，然后利用肉鳍的抬起-落下这种往复式的运动才能让身体匍匐前进。但是单靠肉鳍的力量远远不够，它们还得继续左右扭动脊椎，利用脊椎扭动过程中的位移来带动肉鳍的位移。由于鱼类没有颈部，在这一过程中，它们无法扭头，不得不调整整个身体才能改变头部的方向，这些都对陆地上摄取食物非常不利。我们看下面的示意图就明白了。

此外，在陆地上的呼吸方式也面临巨大的改变。水中呼吸需要鳃，只需要将水从鳃中滤过就能获取到氧气，但是在空气中则需要将气体泵入肺中，然后利用肺中的肺泡交换空气中的氧气，这就需要一个泵入-泵出气体的新系统。

最后，感觉系统也要做很大的改变。在水中，鱼类一般利用侧线系统来感知水中的情况，这些体侧线能够感受水流和压力的变化，有些甚至能够感受到电流的变化。但到了陆地上，侧线系统毫无用处，反而是耳朵和眼睛的感受变得极为重要。因此，为了适应陆地，这些肉鳍鱼还得大大加强它们糟糕的听力和视力才行。

这些方方面面的改变综合起来是一个大工程，因此，从4.19亿年前四足形类第一次出现，一直到3.7亿年前鱼石螈登陆，这之间花费了5000万年的时间。不过，这些登陆的鱼类即将打开一个新世界的大门，地球正在变得更加有趣。

现代的爬行动物依靠脊椎在水平方向上的"S"形扭动获得前进的力量，这种方式与鱼类在水中游动时候的方式一样，很容易获得推动力，但是在陆地上的效率并不高。

图片来源：Brian Gratwicke

19 泥盆纪末期生物大灭绝

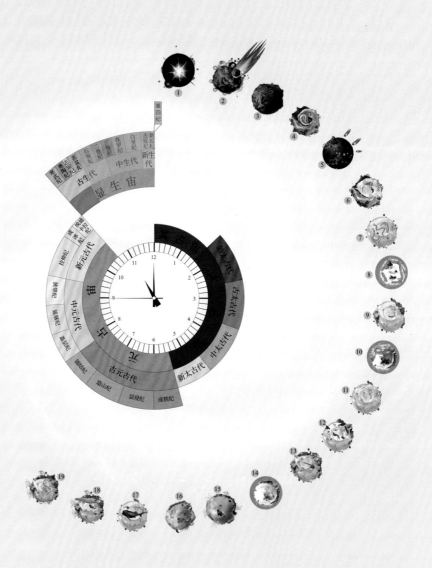

从大约3.85亿年前，泥盆纪就开始发生生物灭绝事件，这些生物大灭绝事件陆续持续了2000万年，到3.6亿年前左右的泥盆纪末期才结束。在这次生物大灭绝中，浅海海洋生物遭受到灭绝性打击，陆地生物几乎未受到影响。

从大约4.19亿年前开始，地球进入了泥盆纪。泥盆纪时期的地球，海陆格局与志留纪时期相差不大，陆地依然主要分布于南半球，其中南美洲、非洲、印度板块、澳大利亚、东南极等构成了一个靠近南极点的超级大陆，这个大陆就是著名的冈瓦纳大陆。除了冈瓦纳大陆之外，地球上大一点的陆块就是劳伦大陆（北美洲的前身）和西伯利亚大陆。围绕着这些大型陆块的则是众多小型陆块。它们大多集中在赤道附近，这里气候温暖，生物在此自由生长。

由于动植物在志留纪时期早已登陆，它们对陆地环境快速适应之后就开始爆发式增长。这让泥盆纪的地球看上去已经与志留纪完全不同了，其中最大的变化发生在陆地之上。

植物出现维管束之后，体型变大，构造也变得更复杂，到了大约3.8亿年前泥盆纪中晚期，地表的河流、湖泊等临水处已经出现了大面积的森林和真正的乔木。这一时期的森林主要由蕨类植物主导，最旺盛的要属枝蕨类、石松类和一些更为先进的前裸子植物类型了。在发现的化石中，它们普遍都在6米以上，而前裸子植物则是其中的佼佼者，最高可以超过30米。这些植物或是单种成林，或是混合成林，它们的树冠遮天蔽日，将林间变得如同现代的森林一般幽暗，阳光偶尔从树叶间投射到林下的地面上，在这里生长着各种低矮的蕨类植物。在植物的阴影下，肥沃的土壤层里生活着大量千足虫、蝎子、螨虫等

目前在全球都发现了大量泥盆纪中晚期的高大植物化石。其中最著名的要数美国吉尔博阿3.8亿年前中－晚泥盆纪时期的森林化石了，这些化石在1875年就因为采石场的岩石爆破而被发现。2010年，科学家在一片1200平方米的区域内发现了多达200棵树木的痕迹，它们由枝蕨类、无脉蕨（一种前裸子植物）、石松类等多种植物组成，形成了一个庞大的泥盆纪森林。这里的树木与现代的棕榈树很相似，只在树冠部分有枝叶生长，树冠之下是光秃秃的树干。

2019年中国科学家在安徽省宣城市新杭镇发现了另一片泥盆纪森林化石，这个森林的年代稍晚，出现在3.65亿年前的泥盆纪末期，不过它的面积很大，超过25公顷，以石松类为主，植物大部分在3.2米以下，但是其中高的可以生长到7.7米以上。根据研究，这些植物可能生活在多洪水的沿海环境中，状态类似现代红树林环境，植物根系长时间被淹没在水下。这是迄今为止在亚洲发现的最古老的森林，也是目前世界上第三个泥盆纪古森林。

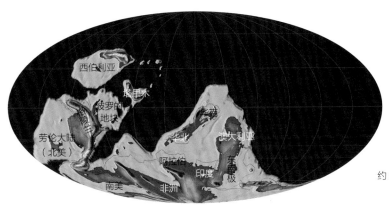

约3.8亿年前的泥盆纪地球古地理图。

① 四足动物
② 蛛形纲生物
③ 多足纲生物
④ 鱼石螈
⑤ 珊瑚
⑥ 苔藓虫

泥盆纪末期，无论是海洋生态系统还是陆地生态系统，都是一派欣欣向荣的景象。 金书援 / 绘

节肢动物，同时可能还有蜗牛等腹足动物也已登陆。它们与森林一起形成了独特的泥盆纪蕨类植物–节肢动物生态系统。森林的出现极大改变了整个地球，不仅让地球上的二氧化碳含量一路走低，还初步塑造出了陆地生态系统，让地球从原始的、只有海洋生命的状态过渡到更接近现代地球的面貌。

另一个变化就是海洋中出现了极大规模的生物礁。这些生物礁大部分由层孔虫、珊瑚虫等造礁生物形成，它们在大陆边缘水深20~100米的浅海中生长，形成了一个个环绕陆地的巨大礁群。生物礁对海洋生态系统极为重要，以现代珊瑚礁为例，珊瑚礁仅占海洋面积的不到1%，但是生活其中的动植物却占海洋物种数量的25%，被誉为海洋中的"热带雨林"。泥盆纪时期的生物礁是整个地球有史以来珊瑚礁数量最多和规模最大的时期，共生在珊瑚虫中的虫黄藻能够利用光合作用合成大量有机物，为整个珊瑚礁生态系统提供了丰富的初级生产力。依托于这庞大且富含有机物的珊瑚礁系统，泥盆纪时期的各种海洋生物数量与多样性也达到了一个峰值。在这里生活着众多的有颌鱼类和正在衰败中的甲胄鱼类，同时还有牙形动物、鹦鹉螺、菊石、叶虾、三叶虫等各种生物。它们让泥盆纪的海洋中出现了前所未有的繁荣景象。

珊瑚礁中，珊瑚虫与虫黄藻共生在一起，虫黄藻吸收珊瑚虫代谢产生的含氮废弃物，并利用光合作用制造营养反馈给珊瑚虫，由此为整个珊瑚礁中的生物提供了充足的有机物来源。也正是由于与虫黄藻的共生，珊瑚礁才呈现出五彩斑斓的模样，一旦虫黄藻死亡，珊瑚礁将变白并逐渐死亡，这就是珊瑚白化。现代海洋中珊瑚白化的现象越来越多，这与气候变化有较大的关系。

泥盆纪生物大灭绝

这些生物的繁荣并没有持续多久，它们很快就遇到了显生宙第二次生物大灭绝事件：泥盆纪生物大灭绝。提起生物大灭绝的原因，大家可能第一时间想到类似小行星撞地球、超级火山爆发等快速发生并在短时间内带来重大创伤的灾难。但是实际上地质学家所说的生物大灭绝都不是这种瞬间的事情，而是指在百万年乃至上千万年的时间内，生物化石的多样性下降的现象。

泥盆纪生物大灭绝就是一个持续时间超过2000万年的灭绝事件。泥盆纪持续了6000万年的时间，从泥盆纪中晚期的3.85亿年前

另外4次生物大灭绝事件基本上都发生在一个纪的末尾，但是泥盆纪生物大灭绝中主要的事件却发生在泥盆纪的中晚期。

开始，就陆续发生了一系列大大小小的生物灭绝事件。科学家在泥盆纪中后期识别到的生物多样性较大规模下降至少就有4次，其中位于3.72亿年前的弗拉阶–法门阶之间的F–F大灭绝和位于约3.6亿年泥盆纪末期的罕根堡大灭绝是其中最为严重的大灭绝事件。F–F大灭绝甚至被认为是泥盆纪生物大灭绝的主要灭绝事件。

这些灭绝事件影响最大的就是浅海生物群落，珊瑚是其中受创最为严重的物种。在全世界范围内，当时有47个属151个种的珊瑚，灭绝事件之后，大约150个种都灭绝了。在中国的华南地区，灭绝事件发生前皱纹珊瑚有22个属，床板珊瑚有8个属，但灭绝事件之后，它们几乎全部灭绝。其他诸如腕足动物、棘皮动物、节肢动物以及脊椎动物都损失惨重。大体来看，浅海海洋生物中约有20%的科、50%的属和70%的种灭绝了。

不过有趣的是，这种生物大灭绝对于陆地生态系统似乎并没有强烈的影响，即使是在海洋生物灭绝规模最大的F-F大灭绝期间，陆地植物的多样性甚至到达了峰值。

生物大灭绝之谜

泥盆纪这种浅海生物大灭绝，陆地生物却几乎不受影响的奇特灭绝形式让科学家迷惑不已，他们提出了多种解释，但是依然无法取得共识，至今仍争论激烈。

目前比较流行的第一种假说是海平面下降说。这种假说认为在泥盆纪中晚期之后全球多次海平面下降，导致浅海栖息地丧失，从而引起生物大灭绝。

第二种假说认为是海洋缺氧导致。在泥盆纪时期，由于某些未知原因，深海中的缺氧海水上涌到浅海中，使得浅海缺氧，来自陆地的有机物也不断在浅海堆积、腐烂，这让水体中氧气更加缺乏，海洋生物大量死亡。在这些缺氧水体中，有机物并不会腐烂，而是会大量堆积沉淀，最终形成有机质含量极高的黑色页岩。我们目前在全球各地都发现了黑色页岩的分布，在它们形成之前有大量生物存在，但是在黑色页岩中却罕见化石。

第三种假说是气候变化说。有科学家认为由于陆地植物迅速扩张，光合作用大量吸收二氧化碳，导致了泥盆纪地球上二氧化碳含量持续下降。同时这一时期植物也出现了根系，庞大的根系迅速破坏地表岩石，使其更容易风化，岩石风化过程中也会大量消耗二氧化碳。二氧化碳是一种温室气体，它的降低导致温室效应减弱，进而让地表降温。生活在海洋中的珊瑚等造礁生物对温度非常敏感，一旦温度快速下降，珊瑚就会大量灭绝，连带着珊瑚礁生态系统也会崩溃。

另外还有火山爆发、外星陨石撞击等多种假说，但是无一不处于争议中。解决这些问题，科学家任重道远。

20　羊膜动物出现

3.12亿年前，动物的受精卵演化出了羊膜，由此出现了可以脱离水环境生活和繁殖的新动物类型——羊膜动物，最古老的羊膜动物是爬行类。

在泥盆纪晚期的一系列生物大灭绝事件之后，地球从3.59亿年前起进入了石炭纪。这个时期的特征听名字就能大致知道：煤炭！煤炭！还是煤炭！植物在石炭纪时期演化出了木质素，能够增强细胞壁强度，从而让植物生长得越发高大起来。而且由于那时木质素刚刚演化出来，世界上还不存在能够消化这些物质的微生物，因此一旦含有木质素的植物倒下之后，它们几乎不会被微生物分解腐烂，这导致了石炭纪的树木极易被保存为煤炭。地质学刚刚诞

① 节胸蜈蚣　　④ 巨脉蜻蜓　　⑦ 肺蝎　　　⑩ 科达纲植物
② 林蜥　　　　⑤ 蜉蝣　　　　⑧ 油页岩蜥　⑪ 松柏纲植物
③ 始祖单弓兽　⑥ 蟑螂　　　　⑨ 螈类

生时，科学家发现这一时期的地层中富含煤炭，因此将这些地层命名为石炭系，这一时代自然也就被称为石炭纪了。

植物在抓紧时间占领地球上一切适宜生长的地方。如果我们能回到过去，会发现石炭纪的地球几乎完全被郁郁葱葱的森林所覆盖。这也使得地球氧气含量急剧增加，甚至可能达到大气含量的35%（现代氧气含量仅占大气含量的21%），这是整个地球演化史上氧气含量的峰值了。如此丰沛的氧气让早已登陆的节肢动物的体型迅速巨大化，将石炭纪变成了一个巨虫的世界——总体而言，石炭纪的昆虫要比现代昆虫的体型大5倍以上。

如果穿越回到石炭纪，我们将会看到长达2米如鳄鱼般大小的节胸蜈蚣在林间穿梭觅食，它们在那个时代几乎没有任何天敌，既是最庞大的陆地生物，也是有史以来最大的陆生无脊椎动物（不过它们只是体型大而已，体重可能只有10千克左右）；体长超过70厘米的肺蝎大小类似现代的狗，主要以体型更小的节肢动物或四足动物为食；翼展接近70厘米的巨脉蜻蜓在高大的树林间如海鸥那样扑翼而过；现代"朝生暮死"的微小生物蜉蝣，在石炭纪时期体长接近5厘米，要是在石炭纪它们的习性也是群聚成团飞舞的话，那么我们将会看到一群巨大的蜉蝣如黑云一般在沼泽或河湖边飞舞，虽然它们都是植食性生物，但如此巨大的体型和群聚后的庞大规模也会让人看得心惊肉跳头皮发麻。

与此同时，地球板块还在不断发生汇聚，它们在未来会汇聚成一个超级大陆——盘古大陆。这一大陆的形成将会给地球气候带来重大影响，同时，也会给处于繁盛中的动植物带来无与伦比的便利条件，让它们能够很快通过陆地扩散到地球的各个地方，并在随后超级大陆

石炭纪部分生物想象复原图及与现代人体型对比图。　　　金书援／绘

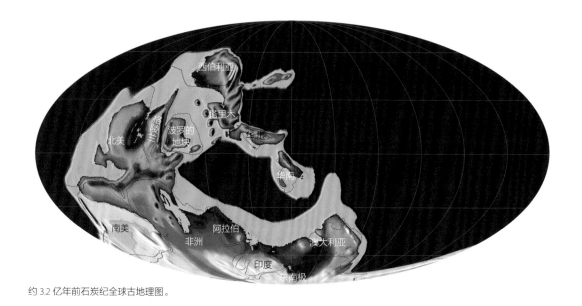

约 3.2 亿年前石炭纪全球古地理图。

裂解之后继续在各地繁衍，形成更加多样化的生物面貌。

但是除了这些故事之外，石炭纪还有另外一个重大演化事件，这个事件对整个地球影响深刻，直到现在。这个事件就是：蛋的进化！

"蛋的进化"，其实就是羊膜动物的出现。

在前面的故事中，我们提到大约3.7亿年前鱼类登陆变成了原始的四足动物，由于有如上所述的各种巨大节肢动物先行登陆，森林中的植被也日益繁盛，泥盆–石炭之交的四足动物能够在陆地上找到合适的遮蔽和充足的食物，因此四足动物开始积极登陆并适应陆地环境。

我们将这些原始的四足动物及其演化出来的后代都归入四足总纲中。早期的四足动物虽然可以在陆地活动，但却必须回到水中产卵——这实际上就是一种两栖动物。它们中的一支繁衍到了现代，变成了如今的蚓螈、蝾螈、青蛙等动物。我们比较熟悉的就是青蛙了，每到春夏时节，河边会发现许多青蛙卵，这些卵都是透明的，大团地漂浮在水中。过不了多久这些卵就会被孵化成为黑黢黢的小蝌蚪，它们无足有尾，像鱼一样依靠摆动尾部来游泳。小蝌蚪滤食水中的有机物逐渐长大，这个过程中它们先是长出两条后腿，然后两条前腿也逐渐生长出来。当前后腿都长大以后，它们就变成了小青蛙，这时候就能上岸生活了。

石炭纪时期的两栖动物，跟现代的青蛙一样，必须依靠水才能产卵繁殖，虽然有一些动物和部分青蛙一样，已经开始把卵产在雨林植物叶片的积水中，但是总体而言依旧无法远离水环境，这也极大限制了它们的活动范围。

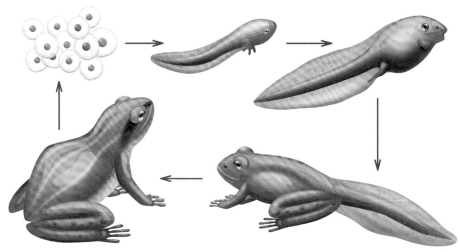

青蛙的繁殖过程示意图。

图片来源：123RF

　　这时候，有一些两栖动物演化出了新的繁殖方式：羊膜卵。所谓的羊膜卵，就是在原本的受精卵外面包裹一层羊膜，这层羊膜不透水但透气，因此能够为受精卵提供必要的湿润水环境，同时保证了受精卵的正常生长。羊膜卵的出现，让两栖动物可以到远离水环境的地方生活，这极大拓展了它们的生存范围。从此，地球上出现了一种全新的生命类型——羊膜动物。科学家将羊膜动物和比两栖纲更接近羊膜动物的过渡型生物统称为爬行形类。

　　目前已知最早的羊膜动物，要数生活在3.12亿年前左右的林蜥和古窗龙了。无论是林蜥还是古窗龙，都是一些中小型的爬行动物，体长可能只有20厘米左右，牙齿尖锐，生活在树林底层，主要以小型节肢动物为食，如昆虫和千足虫等，当然它们也面临被大型节肢动物追

林蜥复原模型，它与现代的蜥蜴已经别无二致了。

图片来源：Matteo De Stefano/MUSE

杀的威胁。

早期的羊膜卵长什么样子我们无法知晓，但是或许能够从羊膜动物的演化中推知一二：比较原始的羊膜动物是包括蜥蜴、龟鳖在内的爬行动物，这些动物的羊膜卵外壳柔软，呈皮革质；而后出现了硬质外壳的羊膜卵，现代的鸟类拥有这些卵，卵的外壳由碳酸钙构成；另一种羊膜动物就是哺乳动物了，它们直接在体内孵化受精卵。

所以最初的羊膜卵可能也是皮革质的外壳，壳上有小气孔以供氧气和二氧化碳的交换。外壳之下是外胚胎膜，外胚胎膜又分为绒毛膜、羊膜和尿膜。羊膜阻止了卵内液体的流出，为胚胎提供了完美的水环境，绒毛膜和尿膜则分别包裹着胚胎、卵黄和废液。胚胎在绒毛膜中直接吸收高蛋白的卵黄，并将代谢废物排泄到尿膜中。随着孵化过程的持续，卵黄逐渐消失，而尿膜则逐渐充盈。

羊膜卵的出现是一次巨大的革命，它让陆生脊椎动物不再需要水环境就能进行繁殖。羊膜动物一出现，就立即脱离了水环境的束缚，向地球各个角落开始进发，很快掀起了巨兽时代的帷幕。

一只孵化中的乌龟，可以从卷边的蛋壳上看出这种蛋壳是软质的。 图片来源：USGS

21 二叠纪末期生物大灭绝

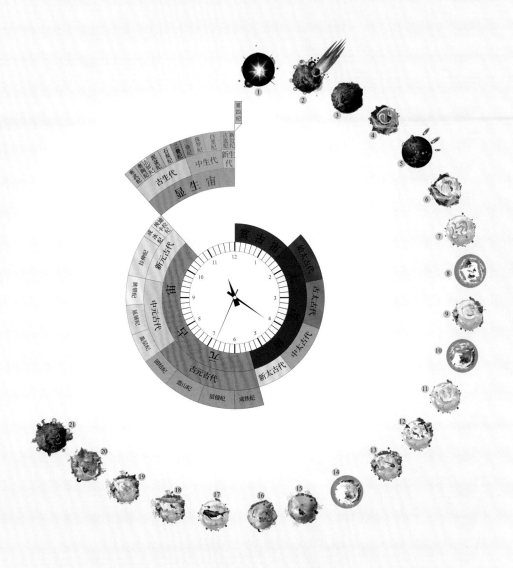

2.52亿年前的二叠纪末期，可能由于超大规模的岩浆溢流，地表环境急速恶化，海洋和陆地上的生物一起大规模灭绝了，这也是显生宙以来最大规模的生物大灭绝事件。

蜥蜴星球

从3.12亿年前爬行动物首次出现在地球上，到大约2.6亿年前的二叠纪晚期，这5000万年间，时光荏苒，地球发生了巨大的改变，其中最大的要数地表的海陆分布情况了。

在地球内部巨大动力的推挤之下，地表板块分分合合，逐渐向北运动，并在大约2.6亿年前合并成了一个纵贯南北两极的巨大大陆——泛大陆。虽然此时泛大陆还没有完全拼合在一起，但我们已经能够看到几乎所有的大型陆块都聚合在了一起。不过此时中国所在区域还是若干个分离的小陆块，它们围绕在一个古老的海洋——古特提斯洋的周边。

超大陆的形成自然免不了板块之间的剧烈碰撞以及随之而来的造山运动和岩浆活动，这使泛大陆西部形成了一系列巨大的南北走向山脉。这些高大的山脉完全改变了地球上的气候。原本地球上的气候带与如今类似，是纬向气候带：赤道附近最热，为热带；向南北极温度降低，逐渐变为亚热带、温带、寒带。但是连通南北极的泛大陆和南北向巨大山脉的形成，隔断了海洋中的洋流和大气中的气流流向，让泛大陆的绝大部分区域都处于干旱带中，只有在泛大陆靠近南北极的寒冷地区、东部沿海，以及环绕古特提斯古洋盆一带的大小陆块才处于潮湿的环境中，这就形成了一个西部干旱，东部湿润的气候分区模式。

中国此时分散成准噶尔陆块、塔里木陆块、柴达木陆块、华北陆块、扬子陆块、昆仑陆

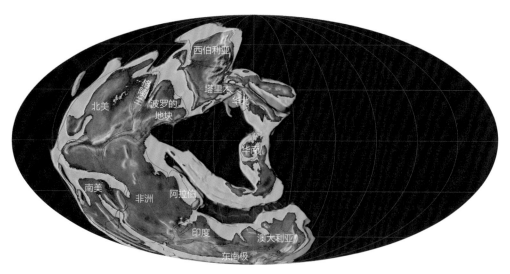

约 2.7 亿年前二叠纪全球古地理复原图。

块等多个小板块，它们环绕着古特提斯洋，这里正好是气候温暖湿润的热带环境，因此非常适合植物生长。科学家将二叠纪时期的植物分为安加拉植物群、欧美植物群、华夏植物群、冈瓦纳植物群，由于中国所处的特殊环境，这四大植物群均可在其中旺盛生长，其中的华夏植物群更是只在中国才存在。

因为这时候华南大部分区域都是海洋，只有少部分区域才是陆地，所以华夏植物群主要生长在华北陆块之上。以其中的禹州植物群为例，单在这里就发现了111属307种植物，可以想象当时华北陆块上植物群落的繁盛。在这些植物中，不仅包含众多的蕨类植物，还包含松柏类、苏铁类、银杏等多种裸子植物。它们组成高达数十米的巨大森林，幽暗的林间为动物提供了充足的生存空间。

此时，爬行形类的动物迅速适应了陆地上的生活，并在茂密的森林中一代代繁衍生息。它们大多长得与现在的蜥蜴非常相似，无论从体型上还是速度上都开始对节肢动物产生了压制。因此如果能够回到那个时代，我们会发现，这已经从一个"虫子"的世界变成了"蜥蜴"的世界。

有趣的是，尽管这时候中国的气候非常适宜，理应有大量的脊椎动物，但是实际上现在在中国发现的二叠纪晚期的脊椎动物化石却比较少。不过我们可以从全球其他地方的发现中一窥可能生活在中国二叠纪雨林中的"蜥蜴"们。

在水中，可能同时生活着鱼类与中龙科生物，这是已知最早的水生爬行生物，它们体长可达1米左右，身体修长，依靠长长的侧扁尾巴来游泳，细长的颌骨中具有针状牙齿，用来捕捉水中的鱼类和节肢动物。

在地面上，则生活着米勒古蜥科、前棱蜥科、波罗古蜥科夜守龙类、大鼻龙科、古窗龙属、林蜥属等各种小型"蜥蜴"，它们或食虫，或食草（如波罗古蜥科），为了抵御更大敌人的攻击，它们也不得不演化出加厚的皮肤或是额外的角状凸起（如前

大羽羊齿是华夏植物群中最重要的植物，它数量最多，最有特色，高度可能只有50厘米左右，但是极为茂盛，占据了禹州植物群中11%的植物种类。其分类还不是特别清晰，有些科学家认为它是种子蕨，有些将它归为裸子植物，但是它还兼具被子植物的特征，因此目前它被归为前被子植物类中。

另外一种有特色的植物是石松植物门中的东方型鳞木，它是华夏植物群中独有的种，在二叠纪时期大量生长，埋藏后成了北方重要的煤炭来源。

中龙科生物想象复原图。
图片来源：Wikipedia/Smokeybjb

前棱蜥科生物想象复原图。
图片来源：Dmitry Bogdano

棱蜥科）或者是其他一些特征可以看上去更大一点，来恐吓猎食者。

在林间则生活有类似空尾蜥那样能够滑翔的小型爬行动物。它们具有延长的肋骨，向两侧伸出，皮膜包裹后就形成滑翔翼，能帮助它们轻易从一棵树移动到另一棵树上。

空尾蜥想象复原图。
图片来源：Nobu Tamura

除了这些小型"蜥蜴"之外，那时还生活着各种大型的"蜥蜴"。其中最著名的莫过于长了背帆的基龙和异齿龙了，它们都是体长2~3米的大"蜥蜴"，前者为植食性生物，后者为肉食性生物。它们的背帆是用来控制体温的，巨大背帆的表面可以使得加热和冷却都更有效率，因为爬行动物是一种变温动物（冷血动物），相比于人类这种恒温动物，它们无须额外的能量维持体温，因此只需要更少的食物就能存活。有研究表明，相比温体动物，同样重量的变温动物只需要 1/10 至 1/3 的能量就能生活。省下了能量，就无法省时间，所以每次在活动前，这些变温动物都必须晒太阳，获取了充足的能量后才能活跃起来，否则就都是懒洋洋的。于是有一些生物就演化出了背帆这种结构，加大受热面积自然就能省时间了。

另外一些大家伙包括兽孔目下的二齿兽亚目和丽齿兽。二齿兽亚目的生物是似哺乳爬行动物，其下有60多个属，它们都以植物为食，不过体型差异很大，大小从老鼠到河马都有，但平均体

在现代也有许多长了背帆的蜥蜴，如帆背龙蜥、帆斑蜥等，背帆一方面用来晒太阳和散热，一方面用来求偶。二叠纪的这些前辈无非是体型更大一些而已。

德国卡尔斯鲁厄国家自然历史博物馆中的异齿龙化石。
图片来源：Wikipedia/H. Zell

异齿龙想象复原图。 图片来源：Wikipedia/Max Bellomio

长也有1.2米左右。而恐面兽科的生物则是这个时代占据主导的肉食性脊椎动物，大多数体型长达1米，它们大多长有巨大的獠牙，獠牙相互交错能轻易切断猎物的肌肉和血管。

当然，除了这些大大小小的"蜥蜴"之外，还有人类的祖先——犬齿兽亚目的生物，它们也是兽孔目的成员，但是它们将会在未来演化成哺乳动物。不过这时候的犬齿兽依然长得比较像蜥蜴，目前发现最早的犬齿兽亚目的生物是原犬鳄龙科和德维纳兽属的生物，它们体长数十厘米，可能与现代小型狗一般大小，以昆虫和其他小型四足动物为食。

同时，在二叠纪的海洋中，珊瑚虫和苔藓虫形成的生物礁依旧极为繁盛，但此时海洋中游荡的猎食者中又多了一种生物——属于软骨鱼纲的鲨目生物。其中最著名的可能要数旋齿鲨了，它们是软骨生物，极少留下化石，全身上下只有牙齿能够变成化石被保存。它们的牙齿是奇特的螺旋状，因为留下的化石众多，一度在《巨齿鲨》等关于史前鲨鱼的电影播出之后成为热门化石藏品。曾经发现过长达60厘米的旋齿化石，反推其体型可能有12米左右，它们可能是当时海洋中的统治者。

① 中龙
② 旋齿鲨
③ 菊石
④ 异齿龙
⑤ 空尾蜥
⑥ 前棱蜥
⑦ 原犬鳄龙
⑧ 恐面兽
⑨ 米勒古蜥

二叠纪时期部分生物想象复原图。　　　金书援 / 绘

大灭绝！

但是好景不长，时间来到2.6亿年前的二叠纪晚期，灾难性的二叠纪末期生物大灭绝开始了。中国的科学家认为，二叠纪末期的生物大灭绝可以分为两幕，第一幕发生在2.6亿年前，这一次灭绝规模比较小；第二幕发生在2.52亿年前，这是一次规模空前的巨大灭绝，是二叠纪生物大灭绝的主要阶段。

旋齿鲨的螺旋状牙齿化石。由于旋齿鲨是软骨鱼，牙齿之外其他部分很难保存，所以人们对旋齿鲨的模样依旧争议很大。

图片来源：Wikipedia/Ghedo

这次生物大灭绝事件与其他的几次生物大灭绝事件有很多不同的地方。

第一是灭绝速度极快，在其他的显生宙生物大灭绝事件中，灭绝的速度基本上都是以十万年、百万年为单位进行，比如位于泥盆纪末期的生物大灭绝，断断续续持续了近2000万年。但是二叠纪末期第二幕大灭绝持续的时间却极短，目前主流的看法认为这次大灭绝事件只持续了6万年！

第二是灭绝规模非常大，为显生宙五次生物大灭绝中规模最大的一次。在这次大灭绝中，海洋动物大约90%的种，陆地动物大约75%的种灭绝了。除了动物之外，植物也发生了大规模的新旧更替。从全球范围看，二叠纪时期占主导的植物是高大的树状石松类、楔叶类、真蕨类、科达类等蕨类和前裸子植物。但是到了三叠纪早期则以苏铁、银杏、本内苏铁、松柏植物等裸子植物和草本型石松以及矮小的蕨类为主，这种植被类型已经与现代某些裸子植物为主的森林很相似了。

当然，灭绝速度快与规模大之间可能是存在某种联系的，生物的演化速度相对较慢，一旦遇到快速的环境变化，就会来不及适应而大规模快速灭绝。从这一点看，我对于现代我们所处的环境是比较忧虑的，现代人类活动所带来的地球环境变化既剧烈又快速，这种快速变化的地球环境比自然情况下的地球环境变化可能要快百倍，在这种迅速变化情况下带来的生物灭绝规模可能要远超二叠纪末期。

关于二叠纪末期生物大灭绝，目前公认的原因是环境的剧烈变化。地质学家在二叠纪岩石中找到了包括海洋酸化、海洋缺氧、急剧升温、陆地干旱、森林野火频发、土壤生态系统崩溃等多种环境剧烈变化的证据。

但是为什么会产生这么剧烈的环境变化？这就众说纷纭了，有人认为是小行星撞击，有人则认为可能是超大规模的岩浆活动。地质学家在中国峨眉山和俄罗斯西伯利亚地区都发现了超大规模的岩浆溢流证据，这些岩浆岩冷却后形成大面积黑色火成岩，因而被称为大火成岩省$^{\ominus}$。

峨眉山大火成岩省已知的出露面积约为25万平方千米，这比广西壮族自治区的面积（23.75万平方千米）还要大一点，甚至有科学家认为峨眉山大火成岩省的面积可能超过70万平方千米（这与青海省的面积差不多了！），岩浆总量保守估计有30万~60万立方千米。峨眉山大火成岩省形成的时代与第一幕的时间正好吻合。

而西伯利亚大火成岩省的岩浆分布面积可能达到700万平方千米（对比一下，中国的陆地面积约960万平方千米），岩浆总体积可能为300万立方千米，这是整个显生宙以来最大规模的岩浆溢流事件，它的主要喷发时间则与二叠纪末期第二幕生物大灭绝完全重合。

如此巨量的火山喷发带来了大量的温室气体，这使得全球迅速升温，埋藏在海底的甲烷也因为海水升温而释放，这带来的后果就是全球急剧变暖；同时，火山喷发出的大量二氧化碳使得海水酸化，以及海水缺氧。

升温的海水、缺氧的海水、酸化的海水，其中的每一个单独出现灭绝规模可能都没有这么大，但是当它们一起出现的时候，灾难就降临了——90%的海洋物种灭绝了。与此同时，升温的环境也使得陆地气候变得干旱，造成野火频发，森林快速消亡，植被的消失又使得地表土壤失去了保护，土壤生态系统就此崩溃，这也造成陆地上各种生物的大规模灭绝。

这种超大规模的火山活动很可能是板块运动的结果：泛大陆在进一步聚合！二叠纪时期泛大陆虽然已经成形，但是在很多地方并没有完全闭合，存在着狭窄的洋盆，到了二叠纪晚期，这些地方在板块运动的推动下进一步闭合，让整个泛大陆变成了真正意义上的一整块。由于这个过程比较激烈，自然就导致了超大规模的火山活动。

当然，火山活动导致生物大灭绝这个理论也面临很大的疑问，首先是火山活动的持续时间很长，但大规模灭绝的持续时间却很短，而且从岩石证据中发现生物大灭绝时期虽然有火山活动，但是这些火山物质的成分与西伯利亚大火成岩省却有着显著的区别。

这些疑惑最终还是要留给地质学家去解决，我们现在所知道的就是，环境剧烈变化导致了二叠纪末期发生过一次规模巨大的生物大灭绝事件。而这过后，整个地球将会迎来新的纪元。

$\ominus$ 这里的"省"指的是一种岩浆建造，非行政区域的意思。——编者注

22　恐龙出现

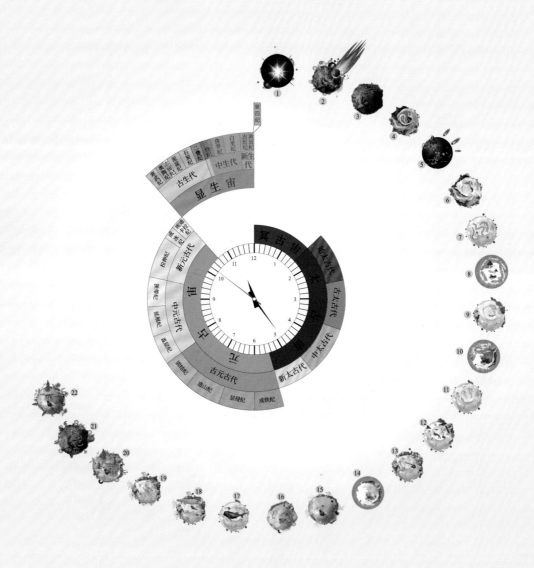

2.31亿年前的三叠纪中晚期，在度过二叠纪生物大灭绝后接近600万年的艰难时光后，恐龙从羊膜动物的蜥形纲中演化了出来。

劫后余生

　　二叠纪末期的生物大灭绝是整个地球显生宙以来规模最大的一次生物大灭绝，在大灭绝中，无论是陆地生态系统，还是海洋生态系统都受到了毁灭性打击。这次打击之后，在三叠纪早期-中期的至少600万年内地表环境都非常恶劣，生物一直在频发的火山、气候的变化、缺氧的海洋和严重荒漠化等灾难中艰难求生。

　　如果我们从太空中看这时的地球，将会发现此时地球上泛陆地拼合得更为紧密，原本陆地之间的海洋已经大部分闭合，古特提斯洋也开始缩小，全球的陆地以几乎对称的方式分布在赤道两侧，从南极延伸到了北极。这种海陆分布格局继承自二叠纪，但是陆地面积更大，峰值时刻面积可能接近2亿平方千米，而且其平均海拔可能超过1400米。由于西伯利亚大火成岩省还在持续活动，因此此时的全球气温和二氧化碳含量依然远远高于二叠纪末期，这让整个地球都陷入高温状态，在两极可能完全没有冰盖的存在。

三叠纪是一个非常重要的时代，它代表了中生代的开始。

寒武纪到二叠纪之间是古生代，海洋中以奥陶纪建立起来的、表生固着底栖滤食性动物占据主导的古生代海洋生态系统为主，陆地上则以蕨类植物和原始四足动物为主。

从三叠纪开始，海洋生态系统变成了以活动性底栖、内生和肉食性生物占主导的海洋生态系统；陆地则变成了裸子植物和更加先进的四足动物（如恐龙）组成的全新生态系统。

2.5亿年前三叠纪开始古地理复原图。

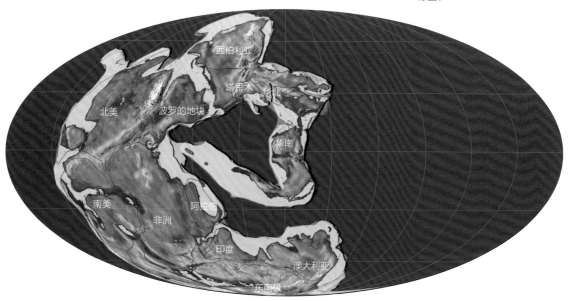

这种海陆格局和气温状态导致全球都处于巨型季风气候中。现代非洲的热带草原气候终年高温，分为明显的旱季和雨季，旱季炎热少雨，雨季炎热多雨。三叠纪早期的季风气候比这要强烈很多倍，泛大陆上赤道附近极度炎热干旱，南北纬40°之间，全年平均温度高达20℃至30℃，而且仅在夏季数月有降雨，其他时候则几乎没有任何雨水。因此科学家推测三叠纪时期泛大陆东部必定存在着广袤的荒漠，随着泛大陆面积的增长，荒漠面积不断向西部和向南北方向增长，这可能是显生宙以来面积最大、最干旱的荒漠了，在这里只有雨季才有稀疏的草原出现，其余时候则完全是荒芜。不过在泛大陆西部情况可能稍好一点，这里气候潮湿，但也比二叠纪时期干旱许多，最直接的证据就是植物化石，二叠纪时期这里以热带植物为主，但到了三叠纪早期这里已经变成了半干旱气候下的植被了。泛大陆的南北极附近则属于凉爽的温带，这里全年都有降雨，是相对比较适宜生物生存的地方。

不过总体而言，整个三叠纪就好似一个加强版的非洲——夏季炎热多雨，其他季节炎热干燥，大陆上以荒漠、稀树草原为主，陆地生物不得不极力适应这种干旱且缺乏森林庇护的环境。

除了干旱之外，生物还必须与变化多端的气候做斗争。在三叠纪早期，由于气候炎热，岩石风化率高，硅质岩石在风化过程中会消耗大量二氧化碳，这会导致全球温度快速下降，而火山爆发喷出大量的二氧化碳让温度再次快速回升；气候快速变化，又导致了海平面的快速升降。此外，火山多次喷发出大量酸性气体也会导致水体的酸化。这些环境上的快速变化使生物的复苏过程波折横生。

龙族寻踪

由于那些原本在生态系统中占据主导地位的古老生物几乎被大灭绝一扫而空，许多原本被压制的生物得到了发展的机会，其中就有本故事中的主角——恐龙。

在讲述恐龙的演化故事前，我们用图表简要回顾一下恐龙的演化支：

在羊膜动物出现之后，它们很快就分化为两大演化支：蜥形纲和合弓纲。从蜥形纲中演化出主龙形下纲和鳞龙形下纲，其中鳞龙形下纲最终将演化出如今的喙头蜥、蜥蜴和蛇；而主龙形下纲则演化出主龙形类，最终演化出鳄鱼、鸟类以及非鸟恐龙。合弓纲将会在下一个故事中讲到。

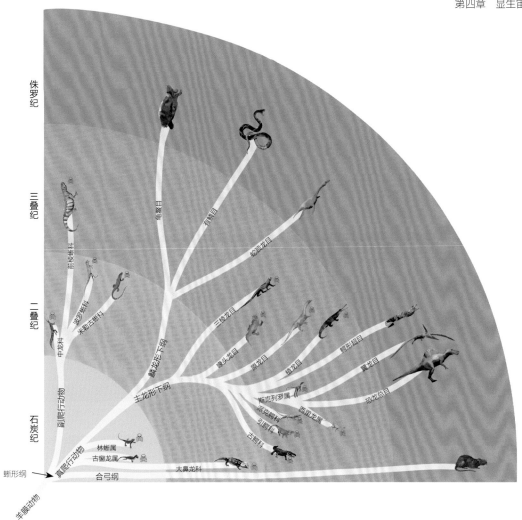

侏罗纪

三叠纪

二叠纪

石炭纪

蜥形纲

羊膜动物

龟鳖目

有鳞目

鳞龙形下纲

前棱蜥科

波罗蜥科

米勒古蜥科

中龙目

初龙形下纲

喙头龙目

三棱龙目

原龙目

鳄龙目

蜥鳄龙目

鳄形超目

翼龙目

恐龙总目

斯克列罗属

派克鳄科

西里龙属

引鳄科

古鳄科

真爬行动物

林蜥属

古窗龙属

合弓纲

大鼻龙科

恐龙演化示意图。

金书援 / 绘

　　如果要追溯恐龙的祖先的话，不妨从主龙形下纲开始。主龙形下纲的生物由一个共同祖先演化而来，其下分为四类：喙头龙目、三棱龙目、主龙形类和原龙目。恐龙就由其中的主龙形类演化而来，在主龙形下纲中我们找到最古老的生物是原龙目原龙属，算是主龙形类的同胞兄弟，所以它们可能能够代表当时主龙形类的形象吧。

就好比要从你、你父亲，以及你祖父的同胞兄弟中寻找一个与你祖父更相似的人，那么无疑你祖父的同胞兄弟是最佳的选择，这是同样的道理。

原龙目生物体型修长，外表类似蜥蜴，身长约为 2 米，可能以昆虫为食。

图片来源：Nobu Tamura

中国也发现了大量三叠纪时期的鳄形生物，比如山西鳄，这是一种长达 2.2 米，高约 0.5 米，行动迅速的食肉动物。我们在许多博物馆中都能看到关于它的介绍。

图片来源：Jonathan Chen

主龙形类在随后的演化中，先是演化出诸如古鳄科、引鳄科、派克鳄科等形似鳄鱼的巨大生物，它们都是凶猛的食肉、食腐生物。可能由于它们的食腐性，也可能由于它们能够躲避到水中，避免过热的气候造成的影响，这些生物从二叠纪末期的生物大灭绝中幸存到了三叠纪。

这是对一种生活于俄罗斯的引鳄的复原，其与现代鳄鱼已经有些相似了。

图片来源：Wikipedia/Dmitry Bogdanov

这些生物（可能是派克鳄科的近亲）再次演化，它们的踝关节处出现了一些不同寻常的变化，这让它们与这些"鳄"类区别开：它们的踝关节在距骨和跟骨之间能够旋转了——具有这种特点的生物被称为镶嵌踝类。其中最古老的镶嵌踝生物就是植龙目

对古喙龙的想象复原图。

图片来源：Wikipedia/Smokeybjb

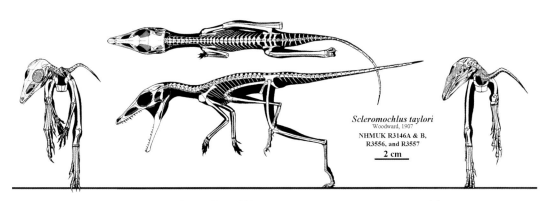

Scleromochlus taylori
Woodward, 1907
**NHMUK R3146A & B,
R3556, and R3557**
2 cm

科学家根据斯克列罗龙化石复原出来的骨架以及它的运动特征。 图片来源：Jaime A. Headden

中的古喙龙了，它们身长2.5米，外披厚重鳞甲，无论是体型、外表还是生活习性都与现代的鳄鱼非常相似，它们也可能就是这一时期恐龙祖先的模样。

镶嵌踝的另外一支在继续演化后再次分为两支，其中一支一直以鳄鱼的形态出现，并最终也演化为现代的鳄鱼；另外一支则演化为一种被称为鸟跖类的生物类型，这些鸟跖类就是恐龙最近的亲戚了。最古老的鸟跖类可能是斯克列罗龙，这是一种小型生物，体长仅有17厘米，前足比后足短很多，因此必然是两足行走的，有人认为它们是树栖的，有人则认为它们至少可以在地面上蹦跳。随后，从鸟跖类中继续分化出两支，其中一支就是如今熟知的翼龙类，而另外一支就是恐龙的直系祖先了。

目前发现的基位恐龙形类（长得跟恐龙有了一些共同特征，但不是恐龙的生物）要数兔蜥属和马拉鳄龙属了。其中马拉鳄龙属可能是一些长度40厘米左右，靠奔跑捕猎的肉食性生物。

艺术家绘制的斯克列罗龙栖息于树上的想象图。
图片来源：Wikipedia/Pavel.Riha.CB

马拉鳄龙属想象复原图。
图片来源：Wikipedia/FunkMonk

在这之后，恐龙的祖先继续演化，最终演化成两个姐妹群：西里龙属和恐龙总目。西里龙科中的西里龙长约2米，身体细长，头小脖子长，四肢行走，其食性不明，这些生物发现于2.44亿年前，理论上讲，它们的出现也意味着恐龙在同时或稍晚一点就出现了，不过由于目前还未真正确定这一时期恐龙的化石，因此我们也只能从西里龙的外貌来推断这一时代恐龙的样貌。

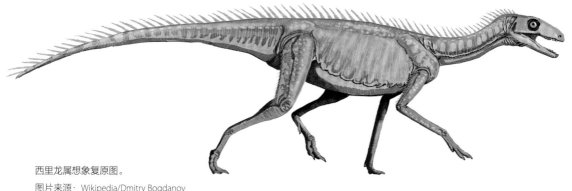

西里龙属想象复原图。

图片来源：Wikipedia/Dmitry Bogdanov

科学家发现了与西里龙科生存于同一年代的尼亚萨龙，有研究指出这可能就是最早的恐龙，但是由于化石不完整，人们并未确定。真正确定的恐龙一直到大约2.31亿年前才出现，这些恐龙被归为始盗龙属和埃雷拉龙属。其中始盗龙体型较小，只有大约1米长，10千克重，可能靠奔跑捕猎小型动物为生。埃雷拉龙属的生活时代也与之相近，不过它的个头就大很多了，估计有3~6米，体重210~350千克，双足行走，是一种比较凶猛的肉食性动物。

现代人（左）、始盗龙（中）与埃雷拉龙（右）体型对比。　金书援 / 绘

从这两种恐龙的形态我们就能推测出来，恐龙在当时已经多样化了，但是这些恐龙都没有被保存下来。而且，它们的体型可能也并不大，虽然善于奔跑，以捕猎为生，但是三叠纪时期其实是另一种生物的天下——这就是前文中所说的那些形似鳄鱼的巨型生物，这些生物才是三叠纪末期的王者。

崛起之谜

由于鳄形生物出现得比较早，占据了大部分的生态位，所以三叠纪时期的恐龙处于竞争的下风。但是为什么它们在侏罗纪–白垩纪时期会突然崛起成为地球的主宰呢？

从恐龙的演化历程能看出来，在从"蜥蜴"到"鳄鱼"再到"恐龙"的进化过程中，恐龙的站立姿态发生了巨大变化。"蜥蜴"时期，它们几乎是匍匐在地；"鳄鱼"时期，它们已经靠肘关节的弯曲，让身体离开了地面；"恐龙"时期，它们的四肢直立，体重全部由骨骼支撑，再也无须肘关节处的肌肉发力了。大家可以在家里面体验一下这几种不同的姿态，应该能够感受到最后一种姿态是最省力的。

因此在早期的研究中，一部分科学家将恐龙的崛起归结为"恐龙站立了起来"；另外还有一部分科学家将其归结为恐龙是一种温血动物，它相对于冷血动物具有更强的运动能力。

不过现在的研究认为，恐龙的崛起一方面固然有运动能力增强的原因，但更重要的可能是因为在三叠纪末期出现了一次生物大灭绝，让其他物种（如各种鳄形生物）灭绝了，恐龙在幸免于难之后利用生态位空白迅速崛起，因为现在的研究表明，与恐龙同期的那些四足动物的运动能力可能并不比恐龙差。

很多人经常将恐龙和人类进行对比，会问"恐龙和人类谁更厉害""恐龙为什么没有像人类一样演化出智慧"这些问题，但其实这些问题的前提条件就是错的，因为人类只是一个物种（灵长总目—灵长目—人科—人属—智人种）。但是恐龙实际上就是恐龙总目的简称，它可能包括了至少 3400 个属的非鸟恐龙，以及 9000 多种现代鸟类和更多的已灭绝鸟类。

如果要做对比的话，恐龙总目和灵长总目才能是一个平级的单位。但是在灵长总目中，还包含了啮齿目（常见的就是老鼠、松鼠）、兔形目（常见的就是兔子）、树鼩目、灵长目等多个现生目和许多灭绝的目。

23　哺乳动物出现

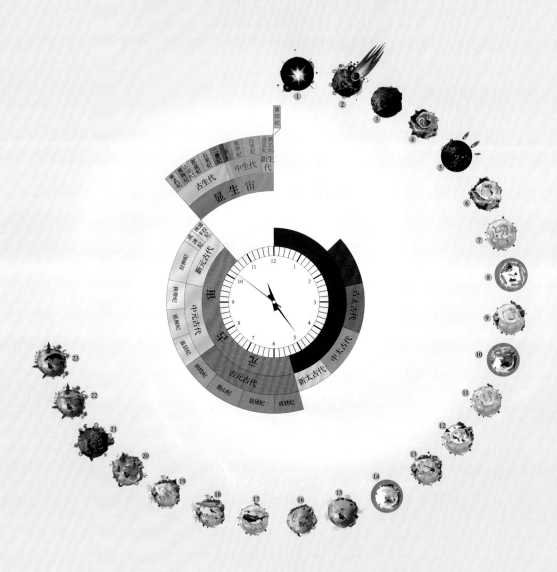

哺乳动物的演化历史和恐龙的演化历史一样长，它们从羊膜动物的兽孔目中演化出来，最古老的哺乳动物体型可能与老鼠、松鼠差不多大。

由于中生代的地球被形形色色的恐龙统治，哺乳动物一直到恐龙灭绝后才开始崛起，所以可能很多人都认为哺乳动物出现得比较晚。但实际情况并非如此，哺乳动物的演化几乎与恐龙同步，而且哺乳动物的祖先在演化中还曾一度领先。还记得在上一个故事中提到的羊膜动物演化出来两支吗？一支是蜥形纲，它们最终演化成了恐龙、龟鳖类、鳄鱼以及现生的鸟类；另一支就是合弓纲了，哺乳动物就属于合弓纲，合弓纲的演化历程如下图：

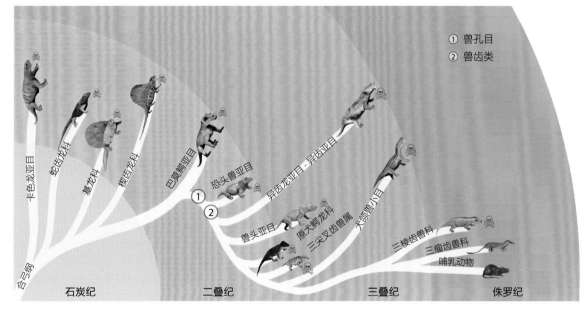

合弓纲的演化历程，作者根据资料整理　　　金书援 / 绘

羊膜动物从3.12亿年前开始出现，在短短600万年后的3.06亿年前就出现了最古老的合弓纲动物——始祖单弓兽。这是一种体长50厘米左右的肉食蜥蜴形动物，它们可能生活在石炭纪森林的沼泽地中。

始祖单弓兽想象复原图，可以看到它与蜥行纲生物非常相似。

图片来源：Wikipedia/Nobu Tamura

　　始祖单弓兽属于蛇齿龙科，随后著名的基龙和楔齿龙从蛇齿龙中演化出来，它们以巨大的背帆而广为人知，也经常有人误认为它们是恐龙。大约从2.75亿年前的二叠纪早期，由楔齿龙类中演化出一个分支——兽孔目。目前发现最早的兽孔目生物是四角兽属，它们依然与蜥蜴非常相似。

四角兽属想象复原图。　　　　　　　　　　　　　　　　　　　图片来源：Wikipedia/Dmitry Bogdanov

　　兽孔目演化出来后，它们很快击败了蛇齿龙、基龙、楔齿龙等早期合弓纲动物，成为二叠纪中期陆地上的优势动物，此时它们比蜥形纲生物要强大得多。兽孔目之下有三个主要分支：恐头兽亚目、异齿亚目和兽齿类。恐头兽亚目是比较早期的兽孔目，也是那个时代中体型最大的生物，它们中的草食性和杂食性生物体长可达4.5米，体重可达2吨，而肉食性生物体（如巨型兽属）体长约2.85米，体重超过0.5吨（现代老虎体重可达0.4吨，也就是说那些大型的恐头兽体型比老虎还要巨大）。恐头兽普遍具有加重加厚的头骨，科学家推断这是它们进行种间打斗的演化结果。平时他们为了争夺地盘而斗争，每当繁殖季节，它们会为了争夺伴侣而斗争，斗争的方式就是用头部相互撞击对方，如今我们在许多动物身上都能见到这种情况，如绵羊、山羊、鹿、牛等。

有些恐头兽，如冠鳄兽、戟头兽等还在头部演化出了类似角的结构，这与现代的羊、鹿、牛等都很相似。

冠鳄兽头骨化石，头上的角非常明显。
图片来源：Wikipedia/Ghedoghedo

恐头兽亚目下的巨型兽属头骨化石，可以看到头骨上有明显的增厚隆起。
图片来源：Wikipedia/FunkMonk

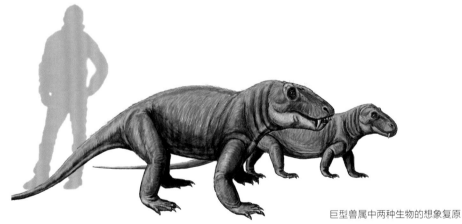

巨型兽属中两种生物的想象复原图，及其与人类体型的对比。
图片来源：Wikipedia/DiBgd

这些恐头兽几乎都是肉食性动物，它们的食谱中，除了蜥形纲生物，更多的其实是它们的近亲——植食性的异齿兽亚目。这是因为异齿兽亚目异常繁盛，尤其是其中的二齿兽下目，在晚二叠世发现的动物群化石中80%~90%都由二齿兽构成，它们占据了从大型到小型，从吃树叶到吃草茎再到掘穴吃根部等全部的食草性生态位。但是在二叠纪末期生物大灭绝的第一幕中，异齿兽几

二齿兽下目中的双齿兽属复原模型，这是一种体长仅有 45 厘米的小型生物，其突出的两颗犬齿是所有二齿兽下目生物突出的特征，除了这两颗犬齿之外，二齿兽下目中的动物嘴巴中基本没有其他牙齿，它们可能依靠角质喙咀嚼植物，犬齿则主要用来挖掘植物根茎。

图片来源：Wikipedia/Viliam Simko

图中左上是双齿兽骨骼化石，螺旋状结构则是对其地下洞穴结构的复原。双齿兽擅长打洞，是一种穴居动物，生活方式可能类似现代地鼠，它们往往螺旋向下打洞，在经历两个完整的转弯之后开始直行，并将洞穴末端扩大，做成刚好够自己掉头的住室。

图片来源：Wikipedia/Nkansahrexford

乎全部灭绝，只有其中的二齿兽幸存了下来；在随后第二幕的大灭绝中，二齿兽中的绝大部分也灭绝了，只有水龙兽幸存了下来，并在三叠纪早期大量繁盛，成为当时陆地上唯一的大型生物。

　　大约2.65亿年前，兽孔目的第三个支系——兽齿类演化出来了，并在二叠纪晚期的时候演化出犬齿兽亚目来，它们就是哺乳动物的祖先。目前发现最早的犬齿兽亚目生物是原犬鳄龙属，它们出现于大约2.6亿年前。科学家在它们化石的鼻吻部发现了一些细孔，推断这是原犬鳄龙属的触须神经的通道，进而推断出既然它们已经有了触须，那么可能也已经有了毛发。除此之外，它们的头骨也与哺乳动物更接近，因此科学家认为它们形态上保留有一定爬行动物的特征，但是却具有和哺乳动物一样的毛皮以及恒温的特性了。

　　在二叠纪末期的生物大灭绝中，大部分犬齿兽亚目的生物都灭绝了，只留下几个支系。在随后三叠纪早期的缓慢恢复过程中，可能由于生存压力过大，这些犬齿兽身上出现了更多的哺乳类特征，比如三尖叉齿兽的脊椎骨显示出更适宜快速奔跑的特性和更适宜站立或直立

原犬鳄龙属想象复原图，它们可能已经具备了毛发这一重要的哺乳动物特征了。

图片来源：Wikipedia/Nobu Tamura

的特征，这让它们与运动缓慢的爬行类分离了开来。想想现在的猎豹是怎么跑动的？猎豹的四肢直接位于脊椎下方，膝关节是直立的，跑动的时候是脊椎上下摆动，这提供了强大的运动能力。与之相比，鳄鱼的膝关节则是弯曲的，上臂与地面平行，靠下臂支撑身体，它们运动的时候脊椎左右摆动。这种结构让鳄鱼运动能力远不及猎豹。

随后的演化中，从三尖叉齿兽中演化出真犬齿兽类，这些真犬齿兽类的听觉系统、摄食系统相对爬行动物都更加发达，这给了它们强大的反应能力和运动能力。比如牙齿，真犬齿兽类的牙齿相对于原始爬行动物产生了分化，而人类的牙齿中分为犬齿、门齿、臼齿等，每一种牙齿都有不同的功能，这能提高进食效率。此外，它们的牙齿替换速率也变得缓慢起来，这种变化是有好处的，比如人类的牙齿只有乳齿向恒齿这一次替换，这样上下牙的咬合面可以精准匹配，而爬行动物持续性的牙齿替换则无法形成精准咬合。真犬齿兽中的犬颌兽就是公认最类似哺乳类的一群似哺乳爬行动物——可以把它们看作是爬行动物与哺乳动物之间的过渡物种。它们体长大约1米，具有锐利的牙齿，四肢直立于身体下方，可能是一些类似于狼的灵活捕食者。

犬颌兽想象复原图，它们与现代的哺乳动物已经越来越像了。
图片来源：Wikipedia/Nobu Tamura

一些犬颌兽继续演化，很快演化出三棱齿兽和三瘤齿兽，它们是哺乳类的近亲，与哺乳类一起组成了哺乳动物形超纲。无论是三棱齿兽还是三瘤齿兽，它们都是一些中小体型，极度类似哺乳类的生物，以食肉或食虫为主，平时则主要生活在洞穴中，外表类似现代的水貂、黄鼠狼之类的生物。

在中国云南就发现了不少中国特有的三瘤齿兽生物化石，如卞氏兽、滇中兽、禄丰兽、袁氏兽、云南兽等。

对其中一种三瘤齿兽的想象复原图，及其与人类体型的对比。
图片来源：Wikipedia/Karkemish

哺乳动物可能最早从三瘤齿兽中演化出来，许多科学家认为最早的哺乳动物是生活在大约2.25亿年前的隐王兽，而隐王兽其实只被发现了一个头颅骨骼，因此化石证据并不完全。真正有完好的化石保存的早期哺乳动物是摩根齿兽类，最早的摩根齿兽化石发现于2.05亿年前的地层中，从其骨骼化石的分析来看，它们个头比较小，生长繁殖快速，代谢率较高，可能靠食虫为生，而且是夜行性的。

摩根齿兽的想象复原图，其与现代的老鼠非常相似。
图片来源：Wikipedia/FunkMonk

不过，虽然这些动物都已经与哺乳动物极度相似了，但是它们的繁殖方式可能还与现代的哺乳动物有很大差异——它们都是卵生的！现代的鸭嘴兽就是保留了卵生方式的哺乳动物，三叠纪时期的哺乳动物祖先可能就是这么一代代繁殖的。

中国的辽宁西部是一个研究哺乳动物起源的绝佳地点。这里在中生代时期内长期有火山活动，火山喷发出来的细腻火山灰沉淀下来后形成了凝灰岩，它将古生物尸体藏得非常完好。中侏罗纪时期，这里火山爆发保存了大量同时期的生物，这些生物被称为燕辽生物群。

2014 年，中国科学家通过研究燕辽生物群中发现的古生物化石，命名了 3 个新种：陆氏神兽、玲珑仙兽和宋氏仙兽，它们生活于 1.6 亿年前，都属于摩根齿兽中的贼兽目。贼兽目的生物在英国的三叠纪地层中就有发现，但都是一些零散的牙齿、颌骨，从未发现过完整的标本。燕辽生物群中的化石保存完整，全面展现了贼兽目的形态特征，通过研究发现，这些生物体型介于松鼠到家鼠之间，体重 40~300 克，树栖，食物为昆虫、坚果和水果。这项研究建立的系统发育关系表明，哺乳动物可能至少在 2.08 亿年前就已经起源了。

24 三叠纪末期生物大灭绝

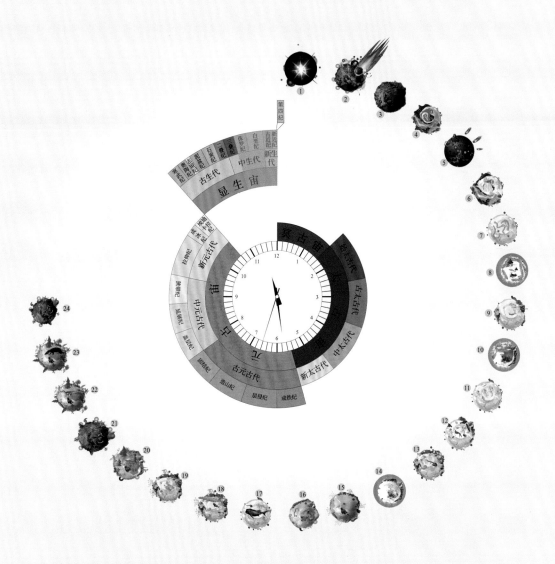

2.01亿年前的三叠纪末期，可能由于海平面的快速升降或大陆分裂导致的大规模火山爆发，地球上再一次发生了生物大灭绝现象。在三叠纪时期的陆地上占据主导地位的形似鳄鱼的巨型生物纷纷灭绝，为恐龙的崛起扫清了道路。

三叠纪无疑是一个多灾多难的时代：它既是地球历史上唯一一个以生物大灭绝开头，又以生物大灭绝结尾的时代，还见证了超大陆的形成与分裂，同时也经历了从极端干旱到极端湿润的重大气候变迁——而这些事件全部都在短短5000万年内发生，并对地球后续的生命演化历程产生了巨大影响。

分分合合的大陆

三叠纪开端于2.52亿年前，它继承了二叠纪时期的海陆分布格局，地球上几乎所有的陆地都拼合到了一起，形成了泛大陆。从三叠纪早期到三叠纪中期，泛大陆越聚越紧密，在大约2.4亿年前的三叠纪中期到达顶峰，随后全球板块开始向北运动并逐渐产生分裂的迹象，泛大陆的这种分裂将会在未来的侏罗纪和白垩纪中达到高潮，并最终形成现在的模样。不过，相比于泛大陆的分裂，一直游离于泛大陆之外的中国华南、华北等众多小板块此时却开始汇聚到一起，形成中国最初的模样。

三叠纪不仅继承了二叠纪的海陆格局，还继承了二叠纪的糟糕气候。二叠纪末期，大规模的岩浆溢流让地球温度快速升高，原本在石炭纪和二叠纪早期由于大规模森林生长而引起的二氧化

与钟表上的时间刻度均匀分布不同，地质年代的分布是不等时的。无论是前文所述寒武纪、奥陶纪、志留纪等，还是纪之下的世和期的划分，每一个阶段的持续时间都不尽相同。

比如三叠纪中的早三叠世只有 500 万年，但是晚三叠世却有 3600 万年。这是因为地质学家是以岩石岩性的突然变化为标志划分宙—代—纪—世—期时这些地质时代的。上下岩层岩性的突然变化，实际上反映了地质历史上环境的突然变化，而这些变化又是由地球本身的构造、火山活动、生物演化，以及来自地外的陨石撞击等因素决定的。这些事件大都是随机、无序且突发的，因此就会导致岩石岩性非均匀性的突变。

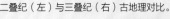

二叠纪（左）与三叠纪（右）古地理对比。

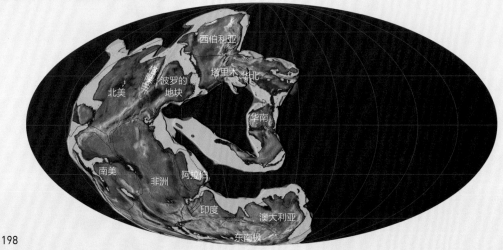

碳含量降低，并造成寒冷环境开始改变。在岩浆溢流喷发出来的巨量二氧化碳影响下，二叠纪末期和三叠纪早期的地球温度上升了8℃左右，两极冰盖完全消失。

泛大陆面积最大时从南极延伸到北极，由于面积巨大，平均海拔比较高，因此隔断了洋流。岩石的比热容比较小，阳光照射之后升温比海水快，而且海拔高，得到的阳光热量更多还在陆地上形成了一个巨大的热源，由此造成了巨大的海陆温差，并引起了地球历史上最强烈的季风气候。在季风气候影响下，泛大陆赤道及中纬度的内陆区域形成了面积巨大的荒漠地带，这里仅夏季部分时间能得到降雨，其他时候几乎完全干旱，越是深入内陆，越是如此。在这两个因素的作用下，三叠纪早期–中期基本上都是干旱炎热的状态。

不过这种气候到了三叠纪晚期就突然变了，在卡尼期中期（2.34亿~2.32亿年前）的时候，地球气候突然变得潮湿多雨，这个潮湿多雨的阶段持续了近200万年的时间。科学家在这一时期的地层中发现地层岩性从碳酸盐岩（灰岩以及白云岩）突然变成黑色页岩或硅质岩。碳酸盐岩一般形成于炎热的浅海中，由于海水的快速蒸发，海水中的钙离子和镁离子过饱和，与二氧化碳反应形成灰岩和白云岩。而黑色页岩的形成是由于水深变深，来自陆地的微小泥质沉积物在深水处沉淀所致；硅质岩也与此类似，是

为什么卡尼期会发生这么巨大的气候转变，迄今还处于争议中。

现在比较占优势的说法是，由于这一时期板块运动比较激烈，大量山脉隆起，巨大的地形差异促使山区风化加剧，风化产生的碎屑被河流带入海洋中，破坏了碳酸盐岩的形成；山脉的形成以及与之伴随的大规模火山活动，改变了全球的气候状态（那时海洋平均温度上升到了37℃左右，而现代赤道海水平均温度仅为27℃左右），这些因素的共同作用促成了卡尼期的气候变化。

伴随着卡尼期气候变化的，就是生物的演化进程了。我们从前面两个故事中可以看到，确定无疑的恐龙出现在2.31亿年前，而最早的哺乳动物可能出现在2.25亿年前，它们出现的时间都处于气候变化之后。

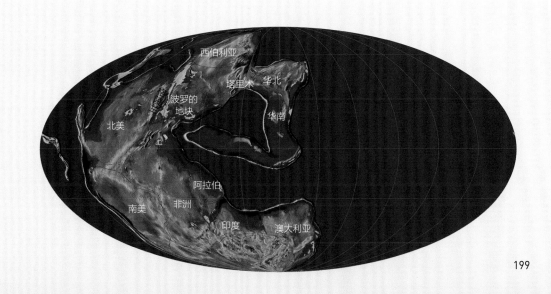

① 半甲齿龟
② 蛇颈龙
③ 安顺龙
④ 海百合
⑤ 杯锥龙
⑥ 盾齿龙
⑦ 幻龙
⑧ 长颈龙
⑨ 本内苏铁
⑩ 砂地木贼
⑪ 新芦木

三叠纪中国贵州地区生物想象复原图。　　　金书援 / 绘

由于陆地风化增强，岩石中容易被风化的物质快速消失，剩余的硅质成分难以被风化，又被带到海洋中沉淀下来所致。此外，科学家还发现了当时陆地环境中有机土和潮湿土增加，喜湿性植物孢粉含量增加等一系列证据。

卡尼期发生的这个气候转变被称为卡尼期湿润幕或者卡尼期洪积事件，关于"三叠纪时期，地球下了一百万年的雨"这种说法是非常夸张且不正确的，事实情况是这一时期只是潮湿多雨而已，地球从炎热干旱的气候转变成炎热潮湿的气候。

大灭绝！

大约从卡尼期开始，生物又陆续出现了大灭绝的现象——三叠纪末期生物大灭绝拉开了序幕。对于三叠纪末期的生物大灭绝，有些科学家认为是多次快速灾难性事件，这些事件间隔发生在长达2000万年的时间内；有些科学家则认为三叠纪末期生物大灭绝是一次长期的、缓慢的变化，生物的种类在三叠纪晚期的2000万年内逐渐减少。

但是不管怎样，总体来看，这次大灭绝导致了海洋生物中52%的属，76%的种灭绝——其中奥陶纪就已经出现，在海洋中繁盛了数亿年的牙形动物全部灭绝了，双壳类、腕足类、菊石、珊瑚等都发生了大规模灭绝。而在陆地上，部分地区的植物超过95%的种发生了更替，与此同时在三叠纪短暂取得了主导地位的各种形似鳄鱼的巨型爬行动物也都相继灭绝了，这次大灭绝给恐龙的崛起让出了生态位。

对于这次灭绝的原因，目前也有多种说法，比如海平面升降与大洋缺氧说，在晚三叠纪时期，海平面快速下降（地质学上称为海退），随之而来的侏罗纪则是海平面的迅速升高（地质学上称为海进），也就是在这一时期，原本绝大部分时间位于海面之下的中国华南地区从此变成了陆地。这种海平面的快速变化让生活在浅海的生物因为无法适应而快速灭绝了。这个说法虽然可以解释海洋中的生物大灭绝，却无法解释陆地上的生物大灭绝现象。

不过，也有许多科学家认为是超大型火山喷发导致的。由于此时泛大陆开始分裂，在大陆中央出现了一条大型裂谷带，巨量岩浆从这条裂谷带中涌出，火山活动持续的时间很长，可能从2.08亿年前开始就偶有爆发，并且一直持续到侏罗纪的前2000万年。活动最猛烈的时候大约在2.02亿年前，这次主要的喷发发生在不到100万年的时间内，结果就是在裂谷的南北两侧都形成了一个面积达到1千万平方千米的岩浆覆盖区，喷出的总岩浆可能达到230万立方千米，如此巨大的喷发量让大气中的二氧化碳升高，使得全球温度再次升高，同时各种酸性气体溶解于海洋中，让海洋迅速酸化……这些过程与二叠纪–三叠纪之交的灭绝过程非常相似。

25　有花植物出现

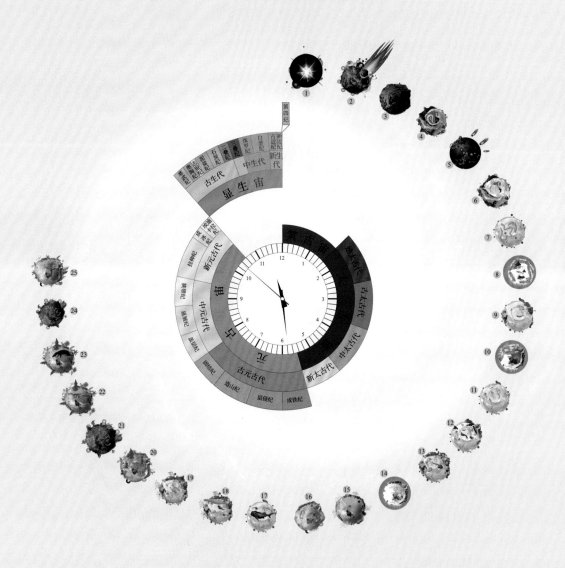

至少在 1.99 亿年前，被子植物就已经出现在地球上。它们依靠花这一强大
的生殖器官很快挤压了裸子植物的生态位，成为地球上最成功的植物门类。

世界上第一朵花

大约2亿年前，在经历过三叠纪末期生物大灭绝之后，地球上的生物再一次面临大洗牌，许多旧的物种消失了，新的物种开始崛起，其中就有大名鼎鼎的恐龙。不过我们本节的主角不是恐龙，而是花。如果从对人类的重要性来看，花以及开花植物要比恐龙重要得多。

如果我们能够回到2亿年前侏罗纪早期或三叠纪晚期的森林中，将会看到那时候的森林与如今的森林既相似又不同。说它们相似，是因为那时候的森林里大型木本植物主要由松柏类植物构成，在某些地方则可能是大规模的银杏树林，这些植物一直到现代都还在繁盛地生长，我们能够在许多地方都看到由它们构成的树林。不过如果仔细看，就会发现不同之处：那时候的森林中极少能够看到花！当然也就看不到采蜜的蜜蜂和在花朵边飞舞的蝴蝶了。

从生物学来讲，有花植物都属于被子植物，而松柏类植物则属于裸子植物，这是两类完全不同的植物类型，按照如今中学生物课上的说法，被子植物是目前植物界中最高等的类群，也是进

胚胎植物，几乎包含了除绿藻之外的其他所有植物。包括苔藓植物门、裸子植物门、被子植物门等，由于这些植物适应了陆地生活，所以在有些非正式场合也被称为"陆生植物"。

侏罗纪时期的森林已经与我们现代某些以裸子植物和蕨类植物为主的森林非常相似了。
图片来源：Pixabay/Muecke

化程度最高、物种多样性最高的类群，现在的自然界中至少拥有30万种被子植物，占胚胎植物种类的89.4%。

要是从对人类的重要性来看，目前的农业作物几乎全部仰仗被子植物，其中禾本科是最重要的一科，水稻、玉米、小麦、大麦、燕麦、高粱等构成了人类几乎全部的主食；而豆科、茄科、葫芦科、十字花科、芸香科、蔷薇科等为我们提供了油料、蔬菜和水果；其他的一些开花植物，则为我们提供纸张、纺织纤维、药物等原材料。

因此，这些被子植物的演化无论是从生物演化的角度还是从对人类的重要性上来看，都是意义极为重大的。这些被子植物是什么时候出现的？著名的科学家达尔文在研究这个问题的时候，就因为在白垩纪地层中突然发现了大量被子植物，但却找不到在更早期地层中被子植物的祖先类型和它们演化的路径，于是将这个问题称之为"讨厌之谜"（abominable mystery）。时至今日，这个问题依然面临很大的争议，从1790年到现在，人们提出了不下16种假说来解释这个问题。其中比较流行的有两种假说，一种是认为被子植物起源于具有两性孢子叶球的本内苏铁类，另一种则认为它们起源于种子蕨类。但是这两个理论现在都逐渐受到争议。在研究了大量中国的化石，并与国外的化石进行对比之后，

现生苏铁植物的孢子叶球，一部分科学家认为被子植物的花就起源于本内苏铁类的孢子叶球。
图片来源：123RF

被子植物起源的其中一种解释，根据参考文献 [137] 绘制。

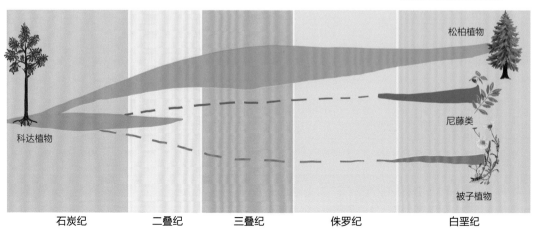

松柏植物

尼藤类

被子植物

科达植物

石炭纪　　　二叠纪　　　三叠纪　　　侏罗纪　　　白垩纪

中国的科学家认为被子植物是从另一种古老的裸子植物科达类中演化而来的，科达植物中的一支演化为松柏类，一支演化为尼藤类，还有一支则演化成了现代的被子植物。

当然，这种新的理论也处于争议中，不过可以暂时只将目光放在这些发现自中国的化石身上——它们能告诉我们花大致起源于什么时候。

这些化石都来自中国的燕辽生物群。燕辽生物群的生物化石主要发现于我国的冀北和辽西地带，最初主要是大量生活于1.6亿年前中侏罗纪的昆虫，因此被命名为燕辽昆虫群。不过随后这里发现了大量脊椎动物，包括鱼类、两栖类、翼龙类、哺乳类以及兽脚类恐龙，所以被更名为燕辽生物群。除了这些动物化石之外，科学家也在此发现了植物化石，这就是今天的主角。

目前发现最早的被子植物化石被称为施氏果。施氏果化石在1833年首次被发现于德国侏罗纪最早期（约为1.99亿年前）的地层中，那时候人们将其认定为裸子植物化石。到了20世

① 施氏果
② 渤大侏罗草
③ 始花古果
④ 潘氏真花
⑤ 雨含果
⑥ 中华星学花
⑦ 狼鳍鱼
⑧ 施氏果花穗

中国部分原始有花植物想象复原图。　　金书援／绘

纪80年代，中国科学家在燕辽生物群中也发现了施氏果的化石并进行了研究，直到2007年才有科学家意识到这可能是一种被子植物，成对的花呈串生长在植物花序的轴上，花瓣包围着具有两个腔室的子房，胚珠在子房壁上保留了清晰的印痕，毫无疑问，这是典型的被子植物。更深入的研究发现，施氏果的模样可能与现代的白鹤芋有点相似。由于它的种子极小，顶端带毛，科学家推断这是一种生活在开阔水边，依靠风媒传粉的木本植物。

中国的施氏果被保存在1.6亿年前左右侏罗纪中期的地层中，与它保存在一起的还有中华星学花、潘氏真花、渤大侏罗草等多种显花植物。而到了1.2亿年左右的白垩纪时期，就已经出现了大量的明确有花的植物，如著名的古果、中华果、丽花等，这些有花植物的化石均发现于热河生物群中，我们能在辽宁朝阳鸟化石国家地质公园中看到其中的一些。

此外，有科学家在三叠纪的地层中发现了一些与被子植物花粉极为相似，甚至无法区分的花粉，因此他们也认为被子植物在三叠纪就已经出现了；另外，还有一些科学家从分子钟和系统分析进行估算，也得出被子植物可能在三叠纪时期就出现的结论。虽然我们未能发现这些早期的被子植物化石，不过我们依然可以认为被子植物至少在1.99亿年前就已经出现了。

为什么被子植物如此繁盛？

被子植物与裸子植物，根据它们的名称能大致确定它们的特征：被子植物的胚珠被一层子房壁所包裹，裸子植物的胚珠没有子房壁保护，直接裸露在外。而子房壁，则属于创新性的生殖器官——花的一部分。一般认为，被子植物能够在生存竞赛中取得对裸子植物的压倒性优势的原因就在于花的出现。

被子植物花的中心为雌蕊，其下膨大变成子房，子房壁包裹着胚珠，而胚珠还有一层珠被的包裹，也就是说被子植物的胚珠

辽宁朝阳鸟化石国家地质公园中展出的是著名的热河生物群中的化石，包括大量长羽毛恐龙化石、鸟化石、两栖类化石、昆虫化石，以及与之同时出现的有花植物化石。其中一系列的有羽毛恐龙化石完整展现了从恐龙演化到鸟类的过程，而有花植物化石中的辽宁古果则一度被认为是最古老的花朵，因此这里被誉为"花鸟源头"。

椰子的椰汁就是最典型的胚乳，最初椰子的胚乳是液态的，随着椰子成熟，椰汁会逐渐硬化变成椰肉。如此丰富的胚乳，搭配上坚硬的椰子壳，让椰子能够在海上漂流数千里之后还能快速萌发，成长起来。

图片来源：Franz Eugen Köhler, Köhler's Medizinal-Pflanzen

被包裹了两层。这两层包裹为脆弱的胚珠提供了全面的保护，让它们免受植食性动物的猎食；同时也为胚珠提供了一个稳定的发育环境，免受外界干旱、雨水、阳光等造成的伤害。这两层包裹在种子的演化过程中又会演变成果皮和种皮，依然对种子提供了双层保护。这种双层的物理性保护，为被子植物种子的广泛传播提供了便利。

另外，在裸子植物中，花粉在授粉前可以直接到达胚珠的珠孔，而被子植物的雌蕊闭合，上部为柱头，柱头上有识别机制，只有符合条件的花粉才能长出花粉管，到达胚珠。这种机制避免了自交，促进了杂交，使得被子植物的基因多样化速度大大加快。

从柱头到胚珠的珠孔之间，存在着一段距离，这起到了挑选优质花粉的作用，只有最强壮的花粉，才能够在众多花粉的竞争中迅速找到珠孔——这与动物中的精子与卵子的结合何其相似！

最后，被子植物还存在一种双受精的现象。被子植物胚囊中有7个细胞，其中只有2个可以与花粉结合从而受精，其中一个是卵细胞受精后形成了胚，这就是下一代的小生命；而另一个被称为极核细胞，在受精后形成胚乳，胚乳中富含脂肪、蛋白质、水分，它们为胚的萌发生长提供了丰富的营养。这就相当于被子植物的胚胎自带一个资源仓库，即使是开局不理想，也能依靠这个资源仓库渡过前期危险而脆弱的萌发阶段，这相比于无胚乳结构的裸子植物生存率自然提高很多。

大米、小麦、燕麦、玉米等食用的都是植物的胚乳部分，而这些食物占据了主食的绝大部分。从这种意义上看，没有被子植物就没有人类的今天。

植物演化简史

到被子植物的出现，整个植物界中所有的植物门类就都已经

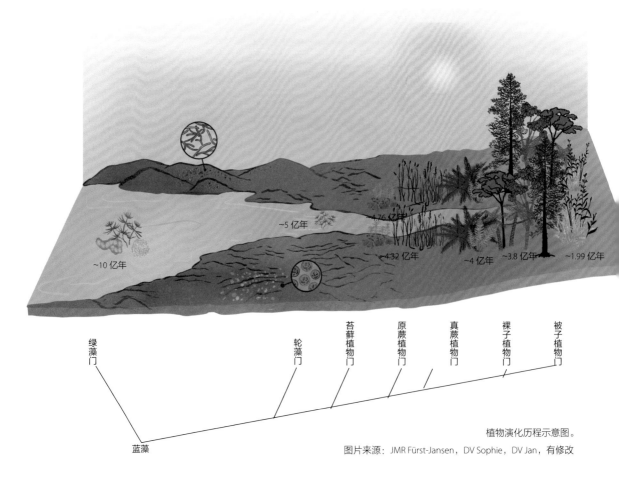

植物演化历程示意图。
图片来源：JMR Fürst-Jansen，DV Sophie，DV Jan，有修改

出现了，我们在前面的故事中零零散散讲到过它们，在这里不妨简单回顾一下植物的演化历程。

38亿年前，地球上出现了最古老的生命，所有的植物和动物都从这最古老的生命中演化而来。

27亿年前，古细菌中的一部分演化出产氧光合作用，这是植物形成的前提条件。

18亿年前，在沿海的微生物藻席中，各种原始单细胞微生物混杂生长在一起，某些原始的真核单细胞生物"吃"掉了能进行光合作用的蓝藻，蓝藻与其内共生，从而形成叶绿体——这就是藻类植物了，它们是现生绿色植物的最早的祖先。

在至少13亿年前，原本单细胞的藻类植物演化成了多细胞的藻类植物，其中红藻就出现于这一时代。

大约7亿年前，从绿藻中演化出了链型植物，绝大部分绿藻依然是单细胞生物，它们繁衍至今，而链型植物则是现生绿色植物的第二代祖先。

大约4.76亿年前，链型植物中的轮藻门开始定居在淡水中，它们可能与某些真菌共生在一起，由于水浪而被拍打到潮湿的岸边，由此演化出了苔藓植物。

大约4.32亿年前，苔藓植物中的某些种类演化出维管束，这支撑着它们长高长大，由此出现了最早的维管束植物——蕨类。

大约3.8亿年前，蕨类植物中的三向蕨纲演化出前裸子植物，这些前裸子植物包括古羊齿目、原髓蕨目、无脉树目等。

大约3.6亿年前的石炭纪早期，出现了裸子植物中的科达类，然后从科达类中演化出如今的松柏植物等常见的裸子植物，这些植物在石炭纪、二叠纪、三叠纪逐渐成为森林中的主要树种。

大约1.99亿年前的侏罗纪最早期，可能由科达类（或其他裸子植物）演化出了目前已知最古老的有花植物——施氏果。而到了1.6亿年前的侏罗纪中期，有花植物已经在地球上广泛存在了。

26 恐龙地球

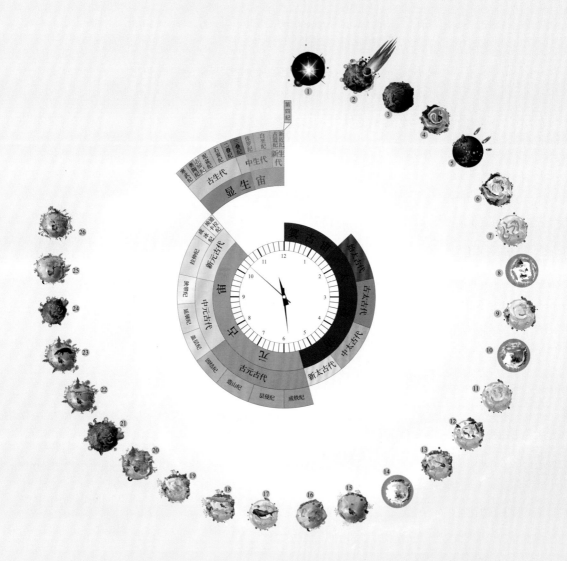

2亿~0.65亿年前，经历过三叠纪生物大灭绝的恐龙幸存了下来，它们的体型和种类都快速增加，成为这期间地球上的主导物种，与恐龙一起称霸地球的还有海中的海龙类和天空中的翼龙类。这些巨兽已经消失数千万年了，但是它们遗留下来的各种化石依然让我们对这个巨兽时代充满了好奇。

恐龙的兴盛

从大约2亿年前的侏罗纪开始，一直到0.65亿年前的白垩纪晚期，这1.35亿年间发生的最重大的事件莫过于恐龙的兴盛了。我们在前面的故事中讲到过，恐龙在三叠纪中期就已经出现了，不过那时候的恐龙个头普遍比较小，小的体长在1米左右，大一点则平均在2~3米。与现代的生物对比一下，小型恐龙就跟大型犬差不多，大一点的跟牛、马差不多，而且体重可能远小于牛或马，因为恐龙还有条长尾巴。

但是到了侏罗纪中后期，恐龙的体型开始巨大化，最终成为我们在荧幕上为之着迷的巨兽。比如侏罗纪中期的早期隐龙（也就是角龙的祖先）体长只有1米多，两足行走，到了白垩纪时期，角龙就变成四足行走，单头颅就长达2.5米，体重可达12吨。

除了体型的变化之外，恐龙的种类也在迅速增加。这种变化情况在我国的恐龙化石中表现得淋漓尽致。中国是目前世界上恐龙化石资源最丰富的国家，在26个省市自治区中都发现了恐龙化石。截至2022年4月的统计，中国已经发现并命名的恐龙共338种，排名世界第一。除了三叠纪恐龙化石尚未发现之外，中国已经发现了从侏罗纪早期到白垩纪晚期各个时期的恐龙化石，因此仅仅看我国恐龙演化的情况就可以清晰地看出恐龙演化的趋势。

目前中国发现的最古老的恐龙位于云南禄丰动物群，这些恐龙生活在距今大约1.9亿年前的侏罗纪早期，包括三叠中国龙、许氏禄丰龙、新洼金山龙、黄氏云南龙、奥氏大地龙等。当然，在这个动物群中，除了恐龙之外，还有诸如中国尖齿兽、摩尔根兽这样的原始哺乳动物以及一些原鳄类生物，它们共同构成了这个侏罗纪早期生物群的面貌。在禄丰动物群中，三叠中国龙是占据主导的食肉动物，它的体长约4~5米，而新洼金山龙则是其中个头最大的生物，体长可达8米以上。

现在的恐龙分类中，在恐龙总目之下分为蜥臀目和鸟臀目。这是根据它们的骨盆形态进行划分的，所谓蜥臀目指的是骨盆类似现代蜥蜴的生物类型，而鸟臀目则是指骨盆类似现代鸟类的生物类型。不过有趣的是，现代的鸟类虽然也是恐龙的后代，但是它们却属于蜥臀目，而非鸟臀目。出现这种情况是生物趋同演化的结果。

图片来源：
左图 Flicker/Kentaro Ohno
右图 Wikipedia/Daderot

在蜥臀目之下，划分为兽脚亚目和蜥脚亚目，其中兽脚亚目的恐龙都是肉食性的，我们经常听闻的暴龙就是典型的兽脚亚目恐龙。而蜥脚亚目的恐龙则都是植食性的。在鸟臀目之下，主要划分为剑龙亚目、甲龙亚目、鸟脚亚目、厚头龙亚目和角龙亚目这五个亚目。根据这样的划分，恐龙就被划分为了7大类（7个亚目）。

禄丰动物群想象复原图。　　金书援／绘

① 禄丰龙
② 金山龙
③ 镰刀龙
④ 云南龙
⑤ 大地龙
⑥ 中国龙
⑦ 近蜥龙

⑧ 裂头鳄
⑨ 原鳄类
⑩ 卞氏兽
⑪ 摩尔根兽
⑫ 中国尖齿兽
⑬ 吴氏巨颅兽

到了约1.6亿年前的中晚侏罗纪，除了云南禄丰之外，在新疆、四川、辽宁、内蒙古、西藏等多地都出现了大量恐龙。新疆是大型恐龙的王国，那里出现了体长34米的中加马门溪龙、体长30米的中日蝴蝶龙、体长17米的戈壁克拉美丽龙等巨大的植食性恐龙，还有体长9米的董氏中华盗龙这样的巨型肉食性恐龙以及各种大型甲龙和角龙。当然，在其他地方也有大量的巨型恐龙，比如在四川有体长21米的安岳马门溪龙和体长12米的李氏蜀龙，在云南禄丰则有体长27米的阿纳川街龙。与恐龙体型增大一起出现的是恐龙种类的增加，比如，在四川发现了许多种类的剑龙。

到了大约1亿年前的白垩纪时期，恐龙这种体型和种类增加的趋势持续发展。这一时期在山东开始出现大名鼎鼎的肉食性恐龙——暴龙！它在中国的种被命名为巨型诸城暴龙，体长超过11米。在内蒙古、辽宁、河南、山东、甘肃、黑龙江等地都出现了大量新的体长超过10米的植食性恐龙；同时，在辽宁还开始出现了大量长羽毛恐龙和最原始的鸟，它们见证了恐龙到鸟类的演化历史。

恐龙巨大化之谜

恐龙为什么会巨大化？这是一个科学界至今仍然争论不休的话题，有些科学家研究了其中的蜥脚类恐龙，认为它们的巨大化可能受到5个条件的影响：

1. 长脖子。蜥脚类植食性恐龙都有一个长长的脖子，这能让它们无须移动就能在很大的范围内获取食物，既节能又高效。

许氏禄丰龙最早于1941年被发现、命名，也是第一个由中国人自己完整挖掘、装架的恐龙，为了纪念这个突破性的进展，中国于1958年还发行了禄丰龙纪念邮票。我们在国内许多古生物博物馆都可能见到许氏禄丰龙的模型及介绍。

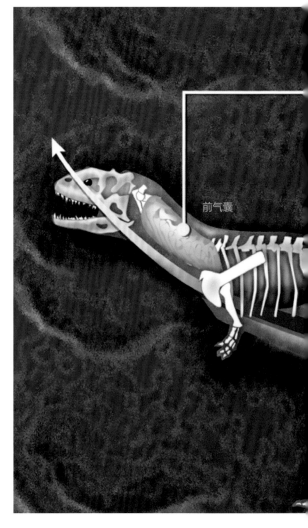

前气囊

北京自然博物馆内的许氏禄丰龙骨架模型。

图片来源：Wikipedia/FarleyKatz

2．小头颅。小小的头意味着咀嚼功能的弱化，这些恐龙可能基本上不咀嚼或很少咀嚼食物，而是直接快速吞咽，被吞咽下去的食物需要更长时间进行发酵处理，意味着需要存储更长时间，这让恐龙不得不长出更大的胃部和身体来处理这些食物。

3．鸟式呼吸。鸟类除了肺之外还有多个气囊，分布在肺的前后，负责储存空气，肺只负责进行气体

鸟式呼吸无论呼出气体还是吸入气体都能高效吸收氧气，提高了氧气利用率。

图片来源：Zina Deretsky，National Science Foundation；Wikipedia/L. Shyamal 有修改

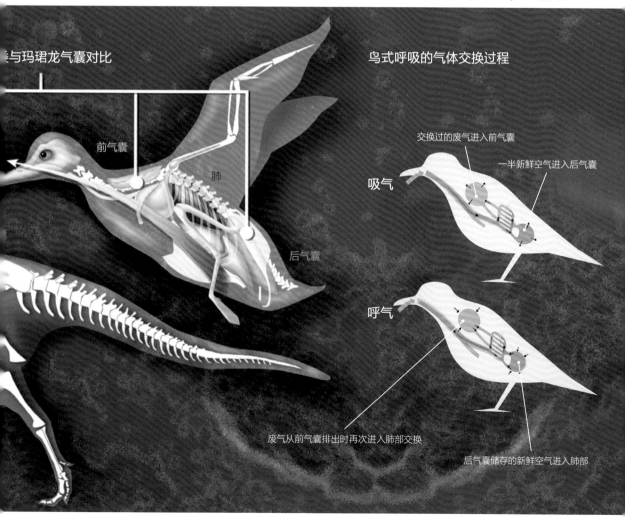

与玛珺龙气囊对比

鸟式呼吸的气体交换过程

前气囊

肺

后气囊

交换过的废气进入前气囊

一半新鲜空气进入后气囊

吸气

呼气

废气从前气囊排出时再次进入肺部交换

后气囊储存的新鲜空气进入肺部

交换。吸气的时候，吸入的新鲜空气一半进入肺交换，另一半直接进入后面的气囊中；呼气的时候，肺中的废气进入前面的气囊然后排出体外，而此时后面气囊中的新鲜空气则随之进入肺中——这样，鸟类的肺部无论是在呼气还是吸气的时候都会接触新鲜空气。与之相对的是哺乳动物的潮汐式呼吸，哺乳动物的肺部既负责储存空气也负责气体交换，在呼吸的过程中，高二氧化碳含量的废气就会与新鲜空气接触，从而降低肺中空气的氧分压浓度，因此在呼吸的时候效率会低于鸟类。另外，鸟类分布于身体中的多个气囊嵌入骨骼中，不仅能够进行气体交换，而且能起到减轻骨架重量的功能，也能减轻长脖子给肌肉带来的负担。

4. 高代谢率。恐龙通常具有高代谢率，这种高代谢率带来了高生长率，能够让恐龙在幼年的时候就快速长大，从而渡过脆弱的幼年期。据估计，蜥脚类恐龙可能每年能够增加体重0.5~2吨，这样在15~30岁的时候就能达到性成熟，否则，按照正常的生长率，它们可能要100年才能到达生育年龄。

5. 蜥脚类恐龙的卵很小。恐龙每一次产卵数量巨大，体型相对较小的卵能够产出更多的后代，使物种不容易灭绝，而这些免于快速灭绝的恐龙在长期演化后能够变得越来越大。

当然，对于恐龙体型的巨大化还有很多其他的说法，比如有些人认为那时候地球上氧气含量比现在要高等，关于这些问题现在的争议较大，甚至由此促成了有科学家提出柯普法则。这个法则认为，生物在演化的过程中天然就倾向于体型变大，因为这会在种间竞争和种

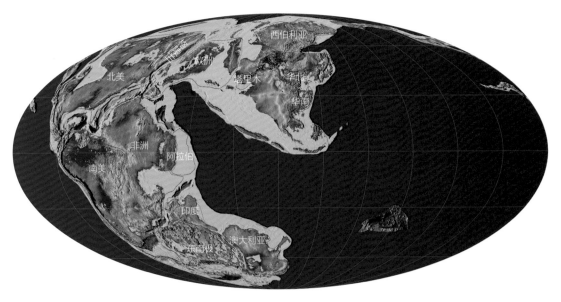

约1.6亿年前的侏罗纪全球古地理图。

内竞争的过程中都具备更大的优势。这些争论可能会一直持续很久，我们继续期待科学家的研究吧。

另外一个疑问是，为什么在侏罗纪时期恐龙的数量会快速增加？这一方面当然是靠恐龙们自身的演化，但是更重要的可能还是要考虑到历史的进程。

地质学家认为侏罗纪-白垩纪期间的地球板块运动是造成恐龙种类多样化的重要原因。在三叠纪时期，整个地球上的陆地都聚合在一起形成一块超级大陆——泛大陆，恐龙就在这块大陆上起源。

到了侏罗纪时期，泛大陆开始分裂为南北两大块，由此产生的环境变化和地理隔离导致了恐龙种类第一次快速增长。而到了白垩纪时期，泛大陆已经裂解为多块，并出现了现代大陆的雏形，在这次分裂中，恐龙被彻底隔离在不同的区域中，并在这些地方产生了适应性的演化历程，由此造成恐龙物种数量的第二次增长。这奠定了我们如今看到的恐龙时代的多样化恐龙化石的基础。

与这些恐龙一起登场的还有其他有趣的生物，比如翼龙类和海龙类（蛇颈龙、沧龙、鱼龙）等，它们一个占据了天空，一个称霸了海洋，虽然名称里面都有一个"龙"字，但它们并不是恐龙，而只是一些会飞或会水的爬行动物而已。在白垩纪末期的生物大灭绝中，它们与恐龙一道消失在时代的浪潮中，仅留下化石供我们垂思。

27 鸟类出现

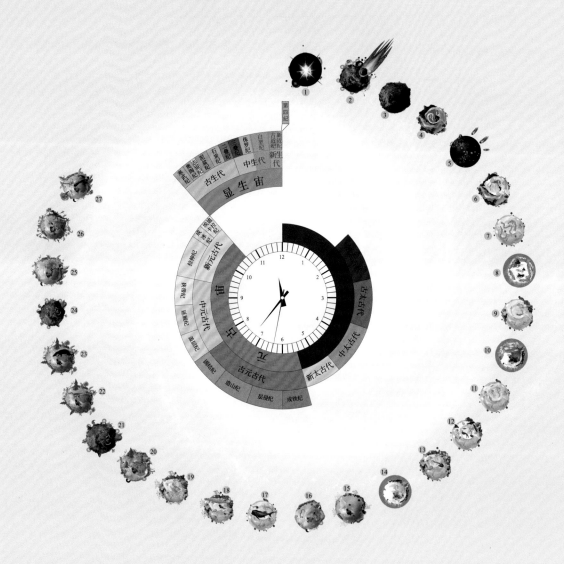

1.5 亿年前的侏罗纪晚期，鸟类从恐龙中演化了出来，它们与恐龙共同演化了近 8500 万年。

从恐龙中来

在侏罗纪–白垩纪这长达1.35亿年的时光中，除了恐龙统治地球之外，另一件重大的事件就是鸟类的出现。大约在1.5亿年前，从恐龙中演化出了鸟类，这些鸟类在非鸟恐龙灭绝后，一直与哺乳动物共生至今，成为现代生态系统中极为重要的一个类型。

最早提出"鸟类可能起源于恐龙"这一理论的是19世纪伟大的生物学家托马斯·亨利·赫胥黎，我们在中学学到过严复的

事实上，在现代的分类中，科学家把鸟纲归入恐龙总目—蜥臀目—兽脚亚目中的鸟翼类之中，也就是说，从定义上来看，鸟类是一种恐龙。

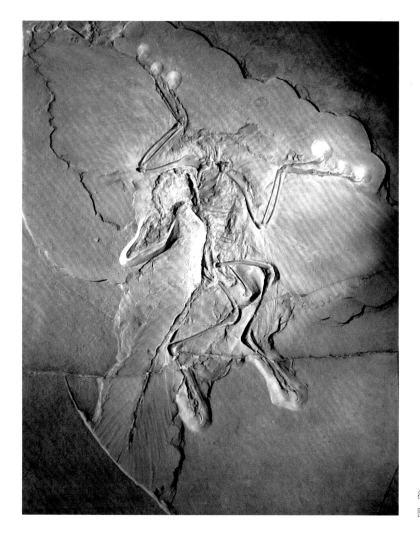

德国柏林发现的始祖鸟化石标本。
图片来源：Wikipedia/H. Raab

《天演论》，这本书就是基于赫胥黎的演讲与论文集所翻译的。赫胥黎受过正规的医学教育，在解剖学上有很高的造诣。据说，有一天他在博物馆研究了一天的恐龙骨骼化石，下班后到一家餐馆进餐，其中主菜是一道火鸡，他在摆弄火鸡骨头的时候突然发现盘中的骨头与白天在博物馆研究的恐龙骨骼十分相似，由此启发了他的灵感。后来赫胥黎对比了兽脚类恐龙中的巨龙的后腿与现代鸵鸟的后腿，发现二者有35个特征是相同的，于是提出恐龙和鸟类之间可能存在的亲缘关系。但是那时候其他的古生物学家大多不认可这一观点。

差不多与此同时，人们也在德国索伦霍芬地区的灰岩中发现了始祖鸟——一种生活在1.5亿年前的侏罗纪晚期，身披羽毛，骨骼却显示出恐龙和鸟类双重特征的过渡物种。不过有趣的是，尽管它身上表现出了恐龙的特征，但当时人们并没有把它与恐龙联系起来，而只是将其认定为最古老的鸟类。

直到赫胥黎的理论提出近一个世纪之后，到了20世纪60年代，才再一次有科学家支持这个理论，不过也一直受到强烈的反对。真正让"鸟类的恐龙起源"理论被广大科学界认可是从20世

我们在前面的故事中提到了位于冀北辽西的燕辽生物群，里面既包括可能最古老的被子植物，也包括最古老的哺乳动物，它们生活在大约 1.6 亿年前的中侏罗纪时期温暖、潮湿的盆地中。不过由于板块运动，1.6 亿 ~1.36 亿年前太平洋板块开始向中国俯冲挤压，这导致了燕山山脉的形成，与此同时，剧烈的火山喷发产生的熔岩与遮天蔽日的火山灰使得燕辽生物群集群灭绝。

从 1.35 亿年前左右开始，随着火山的减弱，生物再次在此地兴盛起来，这就是热河生物群。热河实际上是一个过去的省级行政区，包含现在的内蒙古、辽宁、河北的一部分地区。1920 年开始，科学家在此发现了不少生物化石，因此将这些生物化石群命名为"热河动物群"。现在，热河作为一个行政区已经被撤销了，但是"热河动物群"这一名称依然被沿用了下来，并最终被定名为"热河生物群"。

在随后的研究中，科学家发现热河生物群并不限于原本的热河地区，而是广泛分布在中国北部大部分地区，以及蒙古、朝鲜半岛、日本甚至俄罗斯贝加尔湖附近。

始祖鸟想象复原图。
图片来源：Wikipedia/Durbed

纪90年代开始的，在中国的燕辽生物群和热河生物群中发现了长羽毛恐龙化石和原始鸟类化石。

从大约1.6亿年前的中侏罗纪，到大约1.12亿年前的早白垩纪，中国的辽西大致处于水草丰美的盆地环境中，这里分布着火山和湖泊，由于板块活动在这一时期比较活跃，因此火山不断间歇性喷发。

火山的喷发导致生活在附近的生物大量死亡，而细腻的火山灰则会一层层沉淀在湖泊和陆地之上，将死亡的生物完美包裹起来。这些火山灰的细腻程度与淤泥不相上下，生物被包裹之后就很快与外界隔离，免受风霜雨雪的侵蚀，以及微生物的腐坏，因而化石大多非常精美。经过一年又一年的累积，火山灰沉积下来的岩石形成了丰富的凝灰岩岩层，燕辽生物群和热河生物群基本上都处于凝灰岩岩层中。

热河生物群中最常见的就是狼鳍鱼化石，这块化石被保存在白色的细腻岩层中，这就是由火山灰沉积形成的凝灰岩。
图片来源：Flickr/James St. John

一旦火山停止喷发，死亡的生物和厚厚的火山灰又变成了绝佳的肥料，植物很快重新占领荒芜的盆地，动物也就再次迁徙至此，它们继续繁衍，一直到下一次火山喷发。不断喷发—埋藏的循环使得辽西凝灰岩地层完美地保存了中侏罗—早白垩期间生物的遗体，从哺乳动物到爬行动物、鸟类、恐龙、昆虫和植物都有所发现。

人们在这里也发现了大量不同时代的带羽毛恐龙和许多种具备鸟类行为特征的恐龙。比如属于恐爪龙下目的近鸟龙已经具备了覆盖全身的羽毛，它们生活在大约1.6亿年前，这比始祖鸟还要早1000万年。

同样发现于辽西的寐龙则清晰地保存了这种小型恐龙睡觉时

这些带羽毛恐龙的发现，说明羽毛的出现要比1.6亿年更早一些，在它们更古老的祖先身上已经或多或少开始长羽毛了。

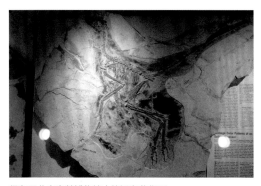

保存于北京自然博物馆中的近鸟龙化石。

图片来源：Wikipedia-James St. John

近鸟龙想象复原图。

图片来源：Wikipedia-Mariolanzas

的形态：后肢蜷缩在身下，脖子向后弯曲，嘴巴藏在前肢之下，如果仔细观察过鸟类睡眠方式，我们就会知道寐龙的这种姿势与鸟类一模一样。

此外，在辽西还发现了大量的原始鸟类化石，比如大名鼎鼎的孔子鸟，这些化石能很清晰地展现出更多的鸟类演化历程。以鸟类的牙齿为例，1.5亿年前的始祖鸟还是满口细密的牙齿，而孔子鸟的牙齿早已消失，变成了角质的喙。这些不断发现于辽西的化石，有力地支持了鸟类的恐龙起源说。

鸟类起源简史

如今的鸟类有如下几点主要特征：骨骼中空纤细，鸟式呼吸；全身长有羽毛；能够飞翔。如果回顾历年来发现的各种化石，我们就会发现鸟类的这些特征并不是一夜之间突然形成的，而是在数千万年的时间中慢慢演化出来的。

骨骼和鸟式呼吸可能随着恐龙在三叠纪出现就已经出现了。地质学家在2亿年前三叠纪晚期的兽脚类恐龙（如腔骨龙）化石中就发现了这种中空的骨骼。

羽毛也出现得非常早，不过它并不是一开始就以羽毛的形式出现，而是在数千万年间从爬行动物鳞片中逐渐演变而来。其进化的顺序为：爬行类鳞片→鬃毛→分支羽毛→简单正羽→带有羽小

在与恐龙亲缘关系比较远的翼龙身上也发现了原始羽毛的证据，这说明在恐龙与翼龙未分家之前，它们的共同祖先可能就已经出现原始羽毛了——这个发现直接将恐龙羽毛出现的时间向前推到了三叠纪早期。

这种从鳞片向羽毛的演化可能从三叠纪时期恐龙刚刚出现时就开始了，到了侏罗纪时期，羽毛已经成为虚骨龙次亚目所有恐龙的共同特征，虚骨龙次亚目包含了美颌龙科、暴龙超科、手盗龙类等多个演化分支，其中暴龙超科的生物就包含有大名鼎鼎的霸王龙，所以其实电影里面长着蜥蜴皮的霸王龙形象可能不太对，它们也许更加类似于一只披着羽毛、长着利齿的超大型"走地鸡"。

披着羽毛的恐龙复原图。

图片来源：Deviantart/durbed

支的正羽→羽小支互锁成紧密羽片的正羽→具有不对称羽片的飞行羽毛。

而辽西的发现则证实了羽毛的这种演化顺序，比如生活在1.58亿年前的畸齿龙科恐龙就具备细管状、无分叉的原始毛状结构，可能处于羽毛演化中鬃毛的阶段；生活在大约1.25亿年前的中华龙鸟则全身覆盖着分支的羽毛，这种全长近1米的小东西，看起来可能类似于一个毛乎乎的鸟类玩偶；而生活在1.2亿年前的小盗龙身上则已经具备了飞羽，而且前后肢都覆盖

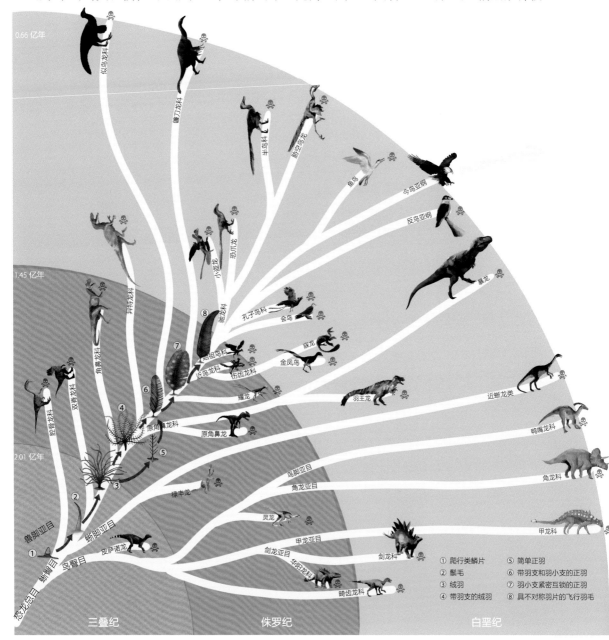

鸟类演化示意图。　　金书援 / 绘

着飞羽，变成了两对翼，科学家据此推断它们可能能够在树林间滑翔了。

实际上，这些生物出现的时代比鸟类要晚一些，这在以前是悖论——这些生存年代晚于始祖鸟的恐龙，羽毛形态居然比始祖鸟还要原始！不过赫氏近鸟龙和耀龙等比始祖鸟古老的带羽毛恐龙化石的发现解决了这个问题：带羽毛恐龙很早就出现了，每一个羽毛演化的阶段就代表了一种新的恐龙的出现，这些新的恐龙中有一些继续演化，逐渐出现完善的、与鸟类羽毛一致的羽毛；而另外一些则保持了其祖先的羽毛特征一直没有变化。

第一次飞向天空

鸟类是什么时候、如何开始飞行的？这也是鸟类起源研究中的一个受到争议的问题，目前对于这个问题有两种理论：树栖飞行起源假说和陆地奔跑飞行起源假说。

树栖飞行起源假说认为鸟类的祖先最初是一些树栖型生物，它们攀援到树上生活，逐渐习惯在树林间滑行，从一棵树滑翔到

还有些羽毛化石保存了它当年的颜色信息，据此科学家可以还原出一部分带羽毛恐龙的华丽的模样。羽毛对它们而言，不仅仅起着最基本的保温功能，而且可能也在猎食与繁殖中起到了重要作用。

我们能从现代的孔雀、极乐鸟中了解到羽毛在繁殖中的功能：雄性的羽毛一般极为亮丽，它们在求偶中通过跳舞等方式不断向雌性展示它们的华丽羽毛，以求取雌性的欢心。

越华丽的羽毛，越增加了雄性生存过程中的风险。只有极为强健的雄性个体，才能在这种巨大的风险下成年——而这也向雌性表示了它们基因的优秀。

开屏中的孔雀
图片来源：Wikipedia/Jatin Sindhu

恐龙树栖起源说示意图。
图片来源：Gerhard Boeggemann，有修改

另外一棵树上，就像现代的飞鼠一样。在这个过程中，它们的羽毛越来越适宜飞翔，最终飞上了蓝天。这其中，还有恐龙从四翼到两翼的一段演化历程，我们发现的小盗龙就是一种四翼滑翔生物，它代表了四翼到两翼的过渡阶段。

陆地奔跑飞行起源假说则认为，鸟类的祖先是在陆地上生活的小型肉食性恐龙，它们两足奔跑，因此可以自由地利用前肢进行拍打动作，也许是用来捕猎，也许是用来躲避更大的敌人。在快速奔跑的过程中，它们利用地形起伏进行跳跃和滑翔，最终拍打变成了扑翼，于是它们就这么飞上了天空。

这两种说法各自受到不同的科学家支持，也都存在不同的问题有待解决，我们可以期待，在未来对燕辽生物群和热河生物群的科学研究中，可能有新的化石能够解决这个问题。

恐龙陆地奔跑飞行起源说示意图。　　　　　　　　　　　　　　　图片来源：Gerhard Boeggemann，有修改。

28 白垩纪末期生物大灭绝

可能由于陨石撞击，也可能由于火山活动，或是在陨石和火山的共同作用
和生物演化中的相互对抗下，恐龙在经历了数百万年的衰落之后，最终于
6600 万年前几乎灭绝了，只留下鸟翼类恐龙（鸟类）幸存繁衍至今。

白垩纪末期，地球的面貌已经与如今有些相似了：南美洲、北美洲、非洲以及欧亚大陆的位置已经与现代很相近，不过印度板块还未与欧亚大陆相撞，它们之间还隔着宽广的大洋；而南极则毫无冰冻的迹象，还是一片生机盎然。

恐龙在兴盛了1.35亿年后，于大约6600万年前迎来了末路，这就是著名的白垩纪末期生物大灭绝。这次大灭绝事件是整个显生宙五次生物大灭绝事件中灭绝率最低的一次，根据统计，海洋动物的科一级灭绝率只有16%，属一级灭绝率也只有47%，这与其他几次大灭绝相比要差很远。但是由于在这次事件中，吸引了人们极大兴趣的恐龙、翼龙都灭绝了，所以这次大灭绝反倒成为最为知名的一次生物大灭绝。

正因为如此，白垩纪末期生物大灭绝也一直是科学界讨论的焦点之一。科学家提出了多种理论来解释这个事件，其中最著名的莫过于陨石撞击说了。

天地大冲撞

1980年，美国科学家发现在白垩纪-古近纪界限的黏土岩中含

虽然鸟类是一种鸟翼类恐龙，但是我们一般把鸟类和恐龙分开说。在本故事中也遵循这一习惯用法，如果不特别说明，恐龙指的就是非鸟恐龙。

大约6600万年前的古地理复原图，可以看到当时的中国还不是现在我们看到的模样，华南华北的许多区域还是一片汪洋。

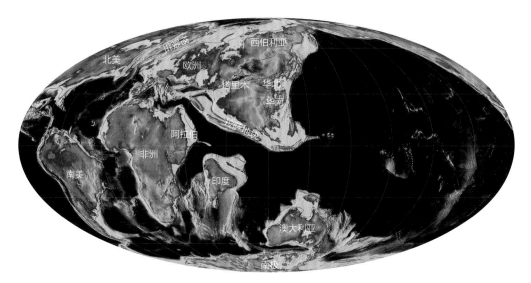

恐龙灭绝于小行星撞击，已经成了大众根深蒂固的认知之一。

图片来源：123RF

有丰富的铱元素，其浓度比正常值高60倍，同时也在这些岩层中发现了冲击石英和玻璃微球粒。这些铱元素的高浓度异常只可能来自于太空的陨石或位于地幔岩浆的直接喷发；而冲击石英则只能在极高压的环境下形成，我们现在只能在地表陨石坑附近找到这些冲击石英；玻璃微球粒则是沙土被高温熔融后快速冷却的结果。综合这些证据后就指向了一点——陨石撞击事件。由此他提出来白垩纪生物大灭绝可能是由于一颗直径10千米的陨石撞击导致。

剧烈的撞击释放出了相当于100万亿吨三硝基甲苯炸药（俗称TNT）的能量，是投放在广岛和长崎的原子弹能量的10亿倍以上。撞击的瞬间使大量炽热的撞击碎屑进入大气层中，大块的碎屑会再次落入地表，引起全球性的火灾；那些小如尘埃的碎屑则会在大气中长期停留，遮天蔽日，形成类似"核冬天"一般的效果。

同时撞击还会引起强烈的海啸、地震与火山爆发。致使大量火山尘埃、3000多亿吨硫以及4000多亿吨二氧化碳被排放到大气中。撞击尘埃、火山尘埃以及大量硫化物在大气中的存在，长期遮蔽了阳光，地球环境进入了灰暗寒冷中，全球气温下降到零度以下长达数年乃至十余年；而当多年后，这些尘埃逐渐沉降，阳

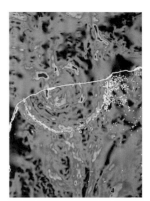

利用地球物理的方法探测尤卡坦半岛上的重力异常，清晰地显示出了陨石坑的轮廓。

图片来源：Alan Hildebrand, Athabasca University Universidad Nacional Autónoma de México

光重现，大气中的二氧化碳又引起地球长期的温室效应。剧烈变化的地球气候导致生物大规模灭绝，这个说法是这些年来影响力最大的一个，有很高的接受度。

随后更多的科学考察证实了的确存在这么一次巨大的陨石撞击事件，找到了这次撞击事件所形成的陨石坑——位于墨西哥尤卡坦半岛的希克苏鲁伯陨石坑。利用探地雷达数据以及重力异常数据等，计算出陨石坑直径在180千米左右。

科学家在这附近发现了冲击石英，这是一种只可能在高温高压环境（如陨石撞击或核爆）中才能形成的石英，因此可以作为陨石撞击和核爆的有力证据。

另外，科学家还在此地附近发现了大量玻璃陨石和富镍的尖晶石等，这也是陨石撞击的证据。玻璃陨石并不是陨石本体，而是陨石撞击地面后，高温熔融地面的泥沙形成的一种天然玻璃。在形成的瞬间，泥沙首先会被熔融形成液滴，液滴因撞击作用而被抛射到空中并冷却下来。所以这些玻璃陨石往往呈现出液滴状，大多数为黑色，少数呈现出比较透亮的绿色。如果有人售卖所谓的"捷克绿陨石"，很可能就是这种物质。

但是陨石撞击理论也受到了很多质疑。首先，陨石撞击事件是一瞬间的事情（注意，这里的一瞬间并不是一般意义上的一瞬间，而可能是几年、几十年、几百年，是地质历史上的瞬间），因此生物的大规模灭绝也应该是继陨石撞击之后快速进行的，而且海陆生物应该都

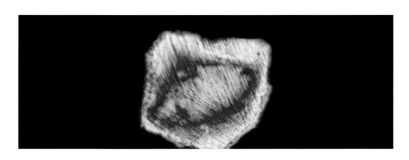

在美国切萨皮克湾陨石坑附近发现的冲击石英显微照片，图中规律分布的线条就是石英在高压下形成的特有条纹。

图片来源：Glen A. Izett

所谓的"捷克绿陨石"，实际就是一种天然玻璃，本质上与绿色的啤酒瓶没区别。

图片来源：Flicker/James St. John

无差别的灭绝。但是化石证据与此不符，地质学家发现在这次撞击之前很久，生物就开始灭绝了，比如大型食草恐龙是在白垩纪末期的1000多万年间逐渐减少的。而且灭绝似乎是有选择性的，在脊椎动物中，恐龙、翼龙、蛇颈龙100%灭绝了，鸟类有75%灭绝，哺乳类中也有25%灭绝了，但是两栖类、蜥蜴和蛇类基本上没有灭绝。陨石撞击说对这种情况无法解答。

其次，铱元素异常、玻璃陨石等真的与尤卡坦半岛那次撞击有关吗？地质学家不仅在白垩纪–古近纪界线处找到了这些物质，在比这一界线早15万年和晚15万~20万年的地层中都找到了这些物质。所以这到底是一次撞击还是多次撞击？

鉴于这些问题，有部分地质学家认为白垩纪末期的生物大灭绝并不只有陨石撞击一个原因，而应该还有其他原因的共同作用。这个原因很可能又是火山爆发。

又是火山？

从大约6740万年前开始，现在的印度德干高原地区开始出现大规模的岩浆活动，喷发出来的岩浆曾经覆盖了整个印度大陆，面积约150万平方千米，而岩浆的厚度可能有上千千米，总岩浆量约有120万立方千米，这使它成为地质历史上规模最大的一次岩浆活动之一。岩浆活动分为三期，每一期都又由若干次短时间的喷发事件组成，每次喷发事件可能持续数百年。平均下来，每年都会喷出2亿吨二氧化硫，5亿吨二氧化碳，持续的积累会造成全球升温和海水酸化现象。这可能才是导致生物灭绝的主因。

来自中国恐龙蛋的研究也支持这个理论。在中国，许多地区都出产恐龙蛋，其中广东南雄是一个世界知名的恐龙蛋产地，保存了从白垩纪末期的恐龙蛋，这些恐龙蛋一路见证了恐龙从白垩纪晚期的衰落，到末期的大灭绝。

科学家对这些恐龙蛋的形态和化学成分进行了研究，发现它

南雄盆地中的恐龙蛋多产于南雄组地层，这一地层分布于粤北赣南。出产的恐龙蛋数量之巨，种类之多，世间罕有。世界上只发现了40多种恐龙蛋，这里就有其中14个种类。从数量上看，仅在20世纪80年代的三次小规模野外采集中，就发现了2万多枚碎蛋片。

国内许多博物馆内的恐龙蛋，也大多来自这里。

南雄出产的窃蛋龙类恐龙蛋。
图片来源：Tzu-Ruei Yang

们在白垩纪末期生物大灭绝之前的30万年前左右就开始出现大规模病变的现象。比如蛋壳厚度异常薄或异常厚，这可能是由于卵在恐龙输卵管中蠕动速度异常导致的，说明恐龙的生殖活动发生了一定的障碍。

而对恐龙蛋化学成分的研究则发现，蛋内放射性锶元素、铱元素、氧同位素等都发生过异常的上升现象，这可能是由于当时环境中富含这些元素，经过植物富集之后被恐龙吃下，从而富集到了恐龙体内，其中一部分又聚集到了恐龙蛋中所致。

关键的是，除了最后一次铱元素波动与陨石撞击时间一致之外，其他的铱元素波动时间均与德干火山的爆发时间比较一致。并且，除了铱元素之外，在南雄盆地中并没有发现其他任何陨石撞击的证据，这就让科学家对恐龙的陨石撞击灭绝说提出了质疑。

而且，根据全球不同地区的恐龙化石年代情况，有科学家认为全球范围内的恐龙并不是同时灭绝的，不同地区恐龙灭绝时代都不同，这一点与陨石撞击导致恐龙同时灭绝是相违背的。

这些科学家认为白垩纪末期的恐龙灭绝可能是由德干火山引起的长期缓慢的环境变化所主导。火山喷发导致的气候变化和微量元素的富集，都共同对恐龙的身体造成了伤害，让它们生殖能力下降，导致恐龙蛋异常，难以被孵化或蛋中恐龙的死亡率增加，恐龙在这种长期持续的伤害下最终走向了灭亡。

随着研究的深入，还有些科学家认为单独的陨石撞击或德干玄武岩岩浆喷发作用可能并不足以引发大规模的生物灭绝。高精度的年代测定结果则表明，德干高原的玄武岩岩浆活动在陨石撞击后的5万年内，其强度和规模都大幅度增加，此后的喷发量占到了总喷发量的70%，所以新的解释认为，生物大灭绝可能是岩浆活动与小行星撞击共同引发的。在恐龙灭绝之前的几百万年间，由于火山爆发引起了气候的剧烈波动，恐龙开始走下坡路，而陨石撞击则像是压垮骆驼的最后一根稻草，让恐龙走向大规模灭绝。

或许与植物有关！

除了这些说法之外，还有另外一种有趣的说法认为被子植物的兴盛可能对恐龙的灭绝有一份功劳！不过这种理论比较小众，仅作为参考。这一理论认为恐龙起源于三叠纪中晚期，这时被子植物尚未出现，在森林中只有裸子植物构成的树木和蕨类植物构成的林下植物，因此恐龙自然就以裸子植物和蕨类植物为食。

但是侏罗纪中期开始，被子植物出现并逐渐繁盛起来，白垩纪晚期被子植物开始占据了陆地植物的主导地位。随着被子植物数量的增加，体型庞大的植食性恐龙在摄食的时候无法避免地会摄入大量被子植物，大量的取食使得被子植物产生强大的选择压力，它们开始合成各类有毒物质来避免被恐龙大量取食，现在我们一般称为生物碱。

对于这些有毒物质，哺乳动物和鸟类都会有一种被称为"习得性味觉厌恶"的机制来避免食用。举个例子，小白鼠在遇到新种类的食物时，通常会只取食一小部分确认是否能吃，一旦这些食物引起了肠胃不适或者中毒的现象，它们就会将食物的味道与这种中毒的体验联系起来，再也不会食用了，这就是习得性味觉厌恶。

但是非鸟恐龙可能并不具备这种能力，科学家以鳄鱼和陆龟做了相似的实验，它们都没有表现出习得性味觉厌恶的现象，鳄类和龟类与恐龙、翼龙具有共同祖先，这一实验可能说明那些非鸟恐龙并不具备这种能力。

而白垩纪晚期的时候，被子植物可能就与现代相似，已经占据了陆生植物中90%的生物量，被子植物的这种快速扩张自然导致了恐龙大量中毒和机能失调，因此在白垩纪末期之前的数百万年间恐龙一直处于持续衰落中。

至于鸟类，前面的故事中也提到它们也是一种恐龙，应该也可能不具备习得性味觉厌恶，为什么它们反而异常兴旺呢？科学家对此也做了实验，对冠蓝鸦喂食了掺有马利筋毒素的帝王蝶，蓝鸦因此生病，当它再次看到帝王蝶就会表现出条件反射干呕，这表明鸟类虽然可能没有习得性味觉厌恶，但是它们可能有习得性视觉厌恶。此外，还有科学家认为早期的鸟类基本上都是以昆虫为食的小型食肉鸟类，或以植物种子为食的植食性鸟类，它们并不食用植物的叶片部分，因而得以幸免于植物毒素。

29 哺乳动物崛起

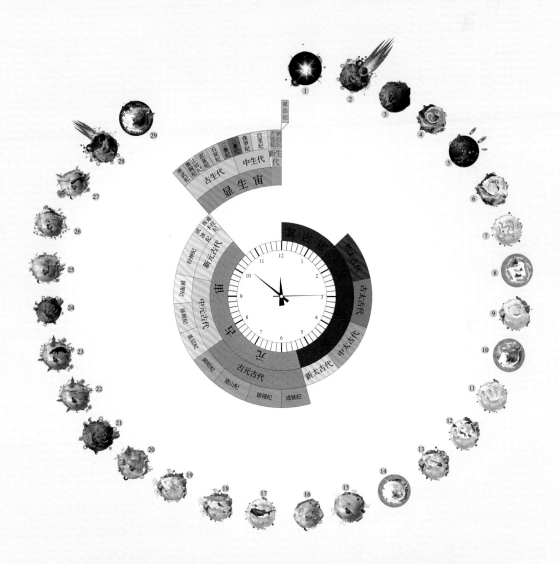

6600 万年前，恐龙灭绝后哺乳动物并未立即成为地球上的优势物种，在其后的 1000 万年间，主导地球的可能是巨型鸟类。但是随着古新世极热事件的发生，有胎盘类哺乳动物迅速出现，体型快速增大，很快击败了巨型鸟类，成为地球上的真正主宰。

白垩纪末期生物大灭绝象征着中生代的结束和新生代的开始。新生代最重要的特征是有花植物和哺乳动物的大繁盛，因此在很多书中也会把新生代称为哺乳动物的时代。

哺乳动物早在三叠纪时期就出现了，不过在侏罗纪-白垩纪时期由于受到恐龙的压制，它们的种类比较有限，体型也普遍偏小，大多和现代的老鼠差不多。比如著名的摩根齿兽类，这是侏罗纪早期的主要哺乳动物，包含3个主要的属：贼兽、巨带兽、孔耐兽，它们的体型都很小，类似老鼠。而白垩纪的哺乳动物则以久齿鸭嘴兽、中国袋兽和始祖兽为代表，它们体型也都不大，久齿鸭嘴兽的体长与现代的相近，约50厘米左右，而中国袋兽和始祖兽则只有10~15厘米左右。

在白垩纪末期的生物大灭绝中，哺乳动物虽然也严重受创，

新生代之下被划分为古近纪、新近纪和第四纪。其中古近纪在白垩纪之后，距今 6600 万 ~ 2300 万年，而人类生活在第四纪。

始祖兽化石。
图片来源：参考文献 [161]

始祖兽想象复原图。
图片来源：S. Fernandez

但有一部分物种存活了下来。这时候的地球上，恐龙灭绝以后留下大规模的生态位空缺，在许多人的认知中，当恐龙压制消失后，哺乳动物应该快速适应环境，占据生态位，接着体型很快变大，长成我们如今见到的多姿多彩的模样。但是实际情况并非完全如此，在恐龙灭绝后的第一个1000万年间，陆地上的哺乳动物确实很快开始演化，但却没有任何大型食肉哺乳动物出现。

在这期间纽齿类可能是最大的一种哺乳动物，体型也不过如今家猪的大小；另外的较大生物包括熊犬属、原蹄兽属，这些都不过绵羊大小；而最大型的食肉动物要数中爪兽属了，这时它们也只是如大型犬一般。

与之相比，同样渡过了大灭绝的鸟类则拥有更加庞大的体型，它们的体型在一段时间内完全超过了哺乳动物。此时在北半球最大的鸟类是冠恐鸟属的生物，它们的化石存在于北美洲、欧洲以及亚洲，它们身高可达2米，无法飞行，善于奔跑。鉴于巨大的头骨和坚硬的喙，有些科学家推断它们是以小型哺乳动物为食的——依靠强有力的爪子将猎物按住，然后使用咬合力强大的喙来杀死猎物。不过还有一部分科学家认为它们是以坚果为食的巨型植食性鸟类。

而在南半球则生活着另外一些无可置疑的肉食性鸟类——骇鸟。这是一类大型肉食性鸟类，大约1~3米高，同样由于体重过大而无法飞行，但是它们非常善于奔跑，在奔跑中依靠肉钩状的翼钩住猎物，然后利用爪子和钩状喙将其杀死。

在同时期的天空中则翱翔着另外一些巨型的肉食性水鸟——伪齿鸟。它们最大的特征就是长长的喙上长出了齿状点，看上去就像是长了牙齿一样，但这不是真正的牙齿，因此叫作伪齿鸟。这些生物填补了翼龙灭亡后的生态位空白，飞翔在海面之上，以海中的鱼虾为生。在晚期类型中，伪齿鸟的翼展约6~7米，依靠着如此巨大的翅膀，它们在海面滑翔，并且可能能够利用海面上的气流进行环球旅行。

在失去了恐龙的威胁之后，哺乳动物的种类迅速增加。根据一些科学家的研究，在加拿大蒙大拿州附近，白垩纪生物大灭绝后幸存下来的哺乳动物只有大约20种，但在50万年后增加到了33种，100万年后增加到了47种，300万年后增加到了70种。这种哺乳动物的爆发式增长可能在全球范围内都有发生。

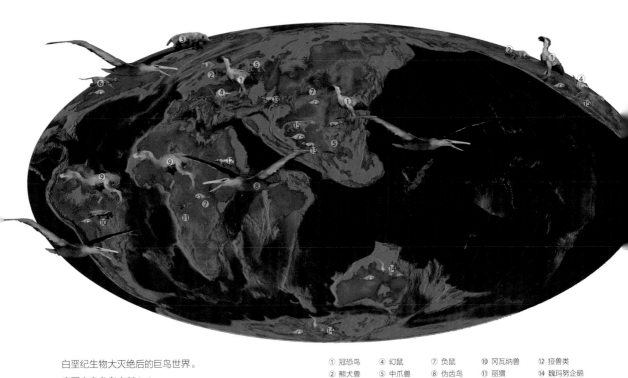

白垩纪生物大灭绝后的巨鸟世界。

底图来自参考文献 [68]

① 冠恐鸟	④ 幻鼠	⑦ 负鼠	⑩ 冈瓦纳兽	⑫ 狌兽类
② 熊犬兽	⑤ 中爪兽	⑧ 伪齿鸟	⑪ 丽猬	⑭ 魏玛努企鹅
③ 带齿兽	⑥ 原蹄兽	⑨ 骇鸟	⑫ 古兽象	⑮ 阶齿兽

　　即使在南极，此时也已出现了最早的企鹅——魏玛努企鹅，它们站立起来约0.8米高。

　　如果将这些巨鸟与同时代生活着的哺乳动物放在同一张地图上，那么将会发现它们尺寸上的巨大差别，我们甚至可以说，新生代最早的1000万年是一个巨型鸟类的世界。

　　从6600万年前一直到5600万年前的这1000万年内，鸟类与哺乳类之间可能存在着猎食与被猎食的关系，如果情况不发生变化，可能最终统治地球的是鸟类：天上有巨大的飞行鸟类，地面上有体型巨大的地行鸟类，哺乳类不得不在鸟类的猎杀下继续过着白垩纪时期东躲西藏的日子。

不同时代哺乳动物体型对比。　　金书援 / 绘

熊犬兽
（踝节类）

冠齿兽
（全齿类）

尤因它兽属

巨犀属

但是情况到了5600万年前发生了奇迹般的变化——哺乳类的数量和体型开始爆发式地增加。科学家估计，在6600万年前，最大的哺乳动物（踝节类）可能体重不过90千克，到了5600万年前，最大的哺乳动物（全齿类）体型突然增大到了800千克，随后到5000万年前增大到了1.5吨以上（尤因它兽属），3300万年前则增加到了20吨（巨犀属）。

为什么会发生这种情况？科学家推断这有可能与气候变化有极大的关系。在大约5600万年前，地球上出现了一次快速的升温事件，低纬度地区平均增温3℃，中高纬度地区平均增温5~8℃，这次升温被称为古新世–始新世极热事件（PETM）。极热事件的原因可能是由于火山喷发导致二氧化碳快速上升，使得温室效应增强，刺激海水升温并大量释放海底的甲烷气体，最终导致全球温度快速上升。

在极热事件的影响下，陆地上的植物和动物类群发生了翻天覆地的剧烈变化，许多新种开始形成。在哺乳动物中，原本生活在北方大陆上的有胎盘类就以极快的速度产生了物种的多样化，我们如今见到的大部分动物，如灵长目、偶蹄目（猪、牛、羊、鹿等）、奇蹄目（马、驴、犀牛等）、长鼻目（大象）、食肉目（狼、熊、貂、猫、鼬等）基本上都是在这一时代开始出现的。

极热事件之后，地球很快又开始降温，降温带来的海平面降低使得原本处于隔离状态的各个大陆之间出现了陆桥，这些来自北方的新型哺乳动物很快迁移到南方大陆上，由于超强的运动能力，它们很快就在竞争中击败了巨型鸟类，自此哺乳动物成了各大陆上的主导物种。

为什么哺乳动物的体型会增大呢？有科学家认为可能这与氧气含量增加和大陆面积的增加有关系，白垩纪末期各大陆处于支离破碎的状态，面积相对比较小，但是随着板块运动，大陆重新开始碰撞，面积再次增加。

有人认为鸟类在竞争中天然占据劣势，它们中空的骨骼无法支撑发达的肌肉，在体重上也无法与相同尺寸的哺乳动物相提并论，它们的猎杀能力也就远逊于食肉哺乳动物，因此很容易在生存竞争中败北。另外，它们一般直接在地面筑巢，就像它们的恐龙祖先一样，这就导致蛋及幼鸟很容易被哺乳动物吃掉。

最初鸟类取得优势的原因很大一部分要归结于那时各个大陆都处于相对隔离的位置，而原始的哺乳动物运动能力较差，所以处于劣势。但随着新型有胎盘类哺乳动物的出现，巨型鸟类就开始没落了。

30 青藏高原形成

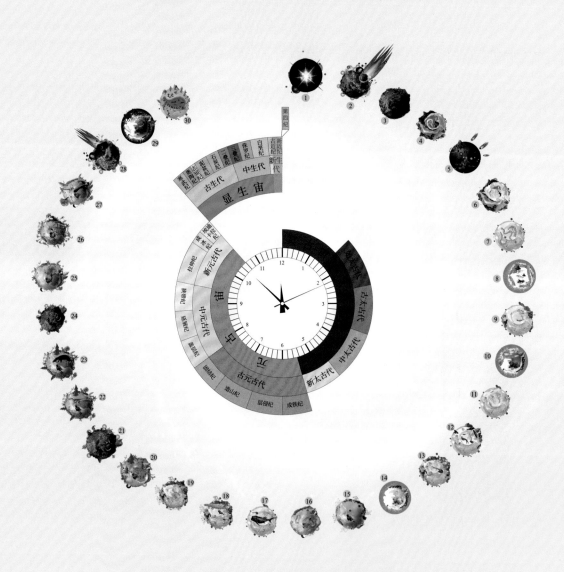

5000万年前，印度板块开始向北运动与欧亚板块发生碰撞，由此产生了中国最大、世界海拔最高的高原——青藏高原。青藏高原的形成，深刻地改变了地形地貌和整个地球的环境以及生物演化历程。

白垩纪末期以来意义最为重大的地质事件就是青藏高原的形成了。这不仅因为青藏高原是太阳系中最高、最新、最厚的高原，还因为它的形成深刻地改变了整个地球的地理、气候和动植物分布。

撞出新世界

在大约1.7亿年前，印度板块与欧亚板块之间相隔了一片宽广的海洋——特提斯洋，有科学家认为，最初特提斯洋可能如同现今的太平洋一样宽广。从那时起，印度板块就一路向北直奔欧亚板块，它们之间的海洋也在快速缩小，到了6600万年前的白垩纪末期，特提斯洋已经变成狭窄的条带状海洋了。如今中国在当时所处位置的地貌与现在截然不同，由于受到太平洋板块的挤压，中国东部形成了大面积的山脉，山脉的平均海拔在3500~4000米，其宽度约在500千米以上，而西部则靠近海洋地势平坦，因此那时的中国是东高西低的。直到大约5000万年前，特提斯洋盆消失，印度板块与欧亚板块直接碰撞起来。

碰撞后的结果就是印度板块在南北方向上缩短了1500千米（也有科学家说是3000千米），这么庞大的地体当然没有消失，而是俯冲到了青藏高原之下，使得青藏高原处的地壳增厚到约70千米，这是大陆地壳平均厚度的2倍——这种增厚体现出的是一个面积接近中国陆地总面积1/4（250万平方千米），平均海拔4500米的广袤高原。

在碰撞中岩层还会因为受到强烈的挤压而隆起，就像用两只手挤压叠平的毛巾，毛巾会褶皱弯曲一样。这种岩层的隆起形成了巨大的山脉，我们随手拿出一张地形图，就能看到喜马拉雅山脉、横断山脉、昆仑山脉、喀喇昆仑山脉等巨型山脉分布在板块碰撞带的边缘，而且山脉的走向实际上反映了板块的边界，所以

印度板块好像一个牛头，东西两侧各有一个尖角，在板块碰撞的时候，这两个尖角会与欧亚板块以格外大的压力进行碰撞。

大约5500万年前，印度板块西侧的"尖角"是现在的克什米尔地区，其北部扎入欧亚板块的地方就是帕米尔高原。虽说是高原，实则是由多条海拔6000米以上的山脉和山脉间的峡谷构成。这里是兴都库什山脉、昆仑山脉、喀喇昆仑山脉、天山山脉和喜马拉雅山脉5条大型山脉的起点，因此也被形象地称为"山结"。

印度板块东侧的"尖角"就是印度阿萨姆邦所在地，它是东西向的喜马拉雅山脉和南北向的横断山脉的转折点。

不只是中国，位于南亚的巴基斯坦和东南亚的大部分国家也都受到了印度-欧亚板块碰撞的余波影响。比如东南亚国家的主要山脉基本都是南北走向的，这些山脉既可以看作是横断山脉的余脉，也可以看作是受印度东部边界碰撞引起的涟漪。

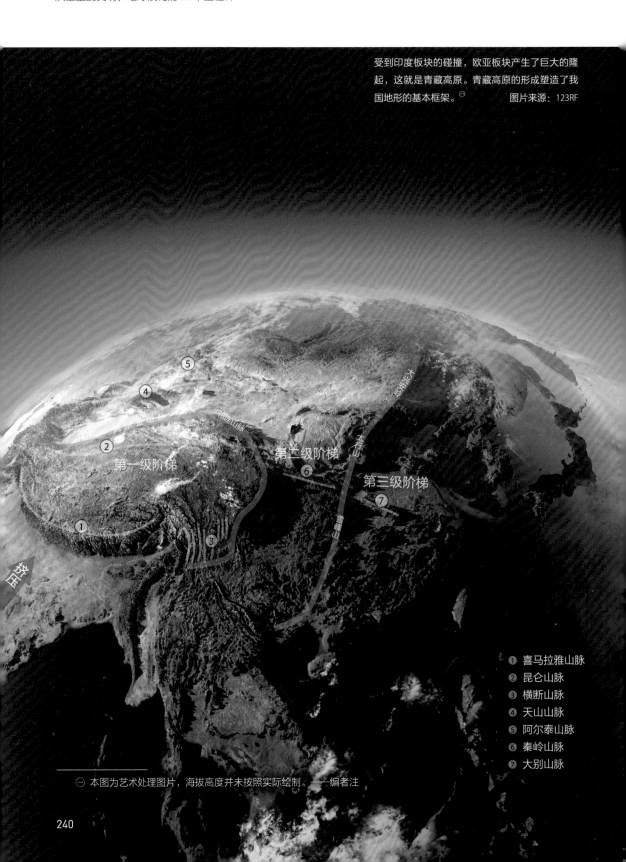

受到印度板块的碰撞，欧亚板块产生了巨大的隆起，这就是青藏高原。青藏高原的形成塑造了我国地形的基本框架。⊖

图片来源：123RF

第一级阶梯

第二级阶梯

第三级阶梯

❶ 喜马拉雅山脉
❷ 昆仑山脉
❸ 横断山脉
❹ 天山山脉
❺ 阿尔泰山脉
❻ 秦岭山脉
❼ 大别山脉

⊖ 本图为艺术处理图片，海拔高度并未按照实际绘制。——编者注我们甚至还能看到山脉在西藏林芝附近发生的巨大转折——从东西走向的喜马拉雅山硬生生地变成了南北走向的横断山脉。

除了板块碰撞边缘受到巨大影响而形成山脉之外，欧亚大陆内部也受到了波及，围绕着青藏高原的内陆区域也都被挤压隆起，形成了环绕青藏高原的一圈高原：云贵高原、黄土高原、蒙古高原。巨大的压力传导到一些更为古老而坚硬的地块之上，它们让地块整体抬升的同时，地块的边缘也因为挤压而出现了宏伟的山脉。山脉将古老地块包裹在其中，形成了中国的几个大盆地——塔里木盆地、准噶尔盆地和四川盆地。

这些高原和盆地形成后，中国就形成了明显西高东低的阶梯式地形：平均海拔4500米的青藏高原为第一级阶梯，平均海拔为1000~2000米的三大高原和三大盆地构成了第二级阶梯，更东面靠近太平洋的区域平均海拔在500米以下，它们构成了第三级阶梯——这就是我们在中学地理中都会学到的中国地形的三大阶梯。自此，新世界到来了。

被改变的世界环境

随着青藏高原的形成而发生改变的除了地貌，还有环境。有科学家认为可能是青藏高原的形成，导致了全球大冰期的到来。在大约5500万年前，印度-欧亚板块还没有完全碰撞到一起，那时地球上发生了古新世-始新世极热事件，中高纬度上平均升温5~8℃，南北两极都处于无冰盖的状态。但是随着青藏高原的逐渐升高，高原上的岩层受到的风化作用加剧，这是一个消耗二氧化碳的过程，最终导致了全球温度降低，这个原理在前面的故事中讲过。

不过地球的降温过程并不是一蹴而就的，它经过至少三次降温，而每一次都与青藏高原的阶段性活动对应。大约4000万年前，青藏高原的平均海拔约为1000米，已经形成了冈底斯、昆仑山等山脉，它们的海拔达到了3000米左右，这被称为冈底斯运动。紧跟着的是3600万年前的第一次大降温，降温后南极首先出现了冰盖。

大约2000万年前，青藏高原平均海拔达到了3500米以上，这一时期喜马拉雅山脉也开始形成，因此被称为喜马拉雅运动。过了500万年之后，全球快速降温，夏季平均气温降低了8℃，这导致了南极冰盖的扩大。

而到了大约360万年前，青藏高原开始迅速、大规模地隆升，连带着青藏高原周边也开始发生剧烈抬升，为第二级阶梯的形成奠定了基础，这被称为青藏运动。随之而来的约260万年，北极地区也开始被冰川覆盖，自此地球进入了第四纪大冰期时代。

由于青藏高原的抬升与全球气候变冷之间良好的对应关系，所以大部分科学家都认为青藏高原的形成对新生代以来的气候变冷过程起到了重要作用。

若把目光拉回中国，也会发现是青藏高原塑造了我国独特的气候。如果我们仔细观察世界地图，就会发现一个比较奇特的现象：南北纬30°线附近的陆地基本上都是大面积的荒漠，但是在中国，这里却是温暖又潮湿的富足之地——以烟雨著称的江南、号称"湖广熟，

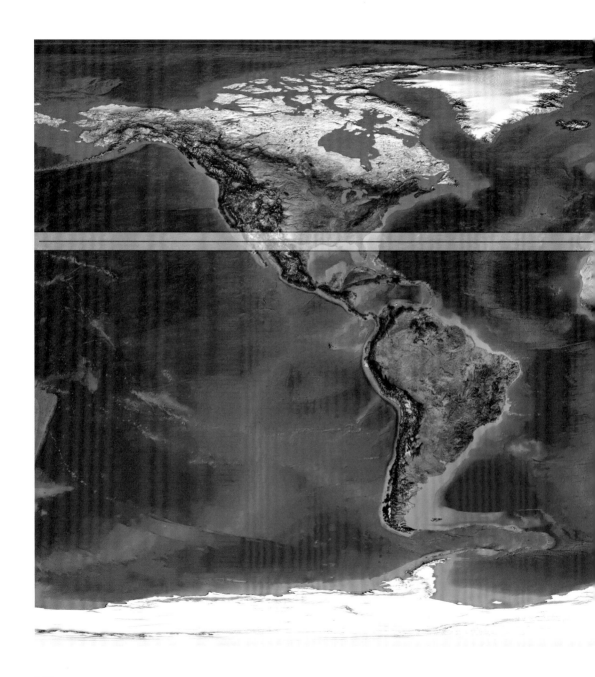

天下足"的湖南湖北还有以"天府之国"闻名的四川。

　　为什么会出现这种情况？简单来讲就是赤道上空的干燥热空气上升后受到地转偏向力的影响，在南北纬30°左右下沉，形成炎热少雨的副热带高气压带，因此容易形成荒漠地带。不过中国有青藏高原，由于海拔高，在夏季就能接受到更多的太阳能量，众所周知，

30° N

全球大部分地区在北纬 30°线附近都是干旱的荒漠、半荒漠地带，
唯有在中国，这里是生机勃勃的富饶之地。　　图片来源：123RF

陆地上的岩石比热容低，很容易就能被加热到比较高的温度，所以接受到了充足阳光照射的青藏高原此时化身为一个"平底锅"，让"锅面"之上的空气温度迅速升高，使得这里的气温比周边同海拔的气温高出4~6℃，甚至10℃。

气体温度升高之后就会由于密度下降而向上升，使得此处气压下降。而周围未被加热的冷空气气压相对比较高，于是会迅速补充到低气压处。就这样，在青藏高原上方形成了一个巨大的气柱，气柱会像抽风机一样不断抽取周边的冷空气。偏偏这些冷空气大多来自海上，携带着充足的水汽，它们一路经过浙江、湖南、湖北和四川，抵达青藏高原上方，将这些地方打造成宜居的湿润之地。

而在青藏高原"热力抽风机"的作用下，来自海洋的暖湿气流源源不断到达青藏高原，水汽就在青藏高原以冰川、湖泊、积雪和冻土的形式保存下来。每到夏季，冰川融水便会顺着山坡汇集到山谷，形成一条条河流——长江、黄河、澜沧江、怒江、雅鲁藏布江、恒河、印度河，亚洲的主要河流皆从此处发源，正因为如此，青藏高原还被称作"亚洲水塔"。

而同时，平均海拔4500米的青藏高原就像一堵巨大的墙，既挡住了夏季来自南边温暖潮湿的海洋水汽，又挡住了冬季北部寒冷干燥的西伯利亚冷空气，这样中国的西北部就很难接受到水汽，出现了大面积荒漠。而每到冬季来自西伯利亚的冷空气也不得不沿着青藏高原的北部边缘绕行，沿途沉积下的沙和尘土就形成了如今的塔克拉玛干沙漠和黄土高原。

被改变的生物

青藏高原的形成不只是改变了地貌和环境，还可能改变了整个地球的生物演化历程。现在，越来越多的证据表明青藏高原是一个生物多样性的演化中心，有多种生物在青藏高原起源并扩散到世界各地，科学家由此提出一个"走出西藏"的生物进化理论。

如果时光倒退回到1万多年前，我们将有幸在欧亚大陆北部的广袤草原上见到成群的猛犸象、大角鹿、盘羊、北美野牛和巨大的披毛犀在此生活，

青藏高原热力抽风机示意图。　图片来源：123RF，有修改

它们想尽办法推开地面厚厚的冰雪层，啃食地下的草茎，更远处则是巨大的洞狮对它们虎视眈眈——这一时代的动物都以体型巨大、身披厚毛而著称，由于生活在第四纪冰期，因此它们被称为冰期动物群。

冰期动物群曾被认为是由于环境变冷后在北极地区发源的，但是来自西藏的古生物化石证据有力质疑了这一理论：科学家在西藏阿里地区的札达盆地发现了一大批新的哺乳动物化石，包括布氏豹、邱氏狐、原羊、祖鹿、嵌齿象、西藏披毛犀等，它们生活在610万~40万年前。

西藏披毛犀是目前发现最古老的披毛犀，生活在大约370万年前。除此之外，还有250万年前的中国泥河湾披毛犀，和生活在75万年前位于欧亚大陆最北部的拖洛戈伊披毛犀。从化石形态上看，西藏披毛犀是进化程度比较低的类型，从年代来看，它又是最古老的，由此科学家推断，披毛犀可能起源于青藏高原。那时的青藏高原已经比较寒冷了，披毛犀为了适应寒冷的气候，演化

西班牙北部冰期动物群的复原图，其中有猛犸象、大角鹿、洞狮、披毛犀等著名生物。

图片来源：Mauricio Antón

出厚重的皮毛并获取了在苔原和干草原上生活的本领。到了大约
260万年前，第四纪冰期降临，其他低海拔地区也开始变得寒冷，
于是披毛犀开始向北部扩散，最终抵达欧亚大陆北部。

　　而邱氏狐和布氏豹有可能是现代北极狐和豹亚科动物的祖
先，牦牛和原羊则分别演化成了现代的北美野牛和盘羊，其中的
盘羊又被驯化成了现代的绵羊——这是人类养殖最多的羊种，从
皮毛到肉食，深深影响着人类社会的历史进程。

　　所以，无论是从地形地貌、环境变迁还是从物种演化上来看，
青藏高原的崛起都是一件值得被了解的行星级别的重大事件。

豹亚科是一个非常大的类别，
包括云豹、雪豹、虎、美洲狮、
美洲虎、豹和狮。而布氏豹是
目前发现最古老的豹亚科物
种，根据研究，可能正是它们
走下青藏高原之后演化成了种
类众多的豹亚科物种。

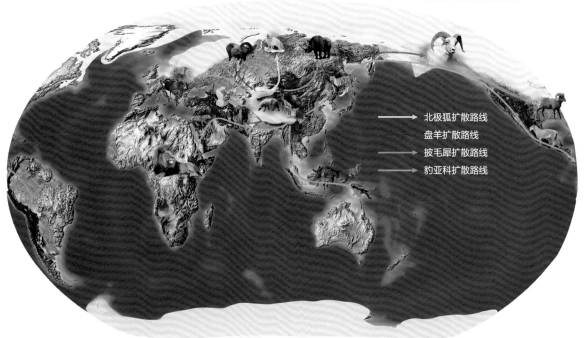

北极狐扩散路线
盘羊扩散路线
披毛犀扩散路线
豹亚科扩散路线

不同生物从青藏高原扩散的路径。

图片来源：参考文献 [174]，有修改

31 人类出现

600万年前，在灵长目的人科动物中，人亚族与黑猩猩亚族分离，可能由于气候变化而开始双足行走，这就是最古老的人类。人类在这600万年的演化历程中出现过非常多的种，但是它们都相继灭绝了，最后只剩下我们——人科人属智人种。

青藏高原形成后的另一个重要事件就是人类的出现。如果要追溯人类起源的话，我们不妨从灵长目开始。根据分子钟的计算，最早的灵长目可能在7000万年前就出现了，不过迄今为止还并未发现如此古老的生物化石。目前发现最古老的形似灵长目的哺乳动物是更猴，它们长得像松鼠，以果实和树叶为生，既可以在陆地行走，也能在树间生活，灵长目可能是从这种类型的生物演化出来的。

最古老的灵长目生物长什么样子我们还未能知道，不过很快从它们中演化出两支：原猴亚目和简鼻亚目，人类就是简鼻亚目的成员。

目前发现的最古老的简鼻亚目的生物是生活于5500万年前的阿喀琉斯基猴，这一化石发现于中国湖北省松滋市，根据它的骨骼复原，科学家认为它的体长约7厘米，体重只有20~30克，以食

在日常生活中，当我们说起"人类"这个词时，我们一般指的就是自己——生物学上属于人科人属智人种。而在古生物或古人类学的领域内，"人类"这个词是一个非常笼统的范畴，一般指的是人亚族，既包括了大名鼎鼎的始祖地猿和南方古猿，也包括了直立人、能人等；但是有时候，又会特指人亚族之下的人属，或更狭窄范围内的直立人。在这个故事中，我们明确一下，这里的"人类"，指的是人亚族的生物。

阿喀琉斯基猴想象复原图。
图片来源：Wikipedia/Mat Severson

虫为生，而且还具备了类人猿的特征，可能与类人猿拥有共同的祖先，从它们的复原图中我们就能推断出人类在这一时期的祖先的样貌。

由于灵长目化石稀少，我们目前很难清晰地画出灵长目的具体演化历程，但科学家根据不同种类的灵长目形态特征、DNA差异，大致将其演化路径绘制了出来：

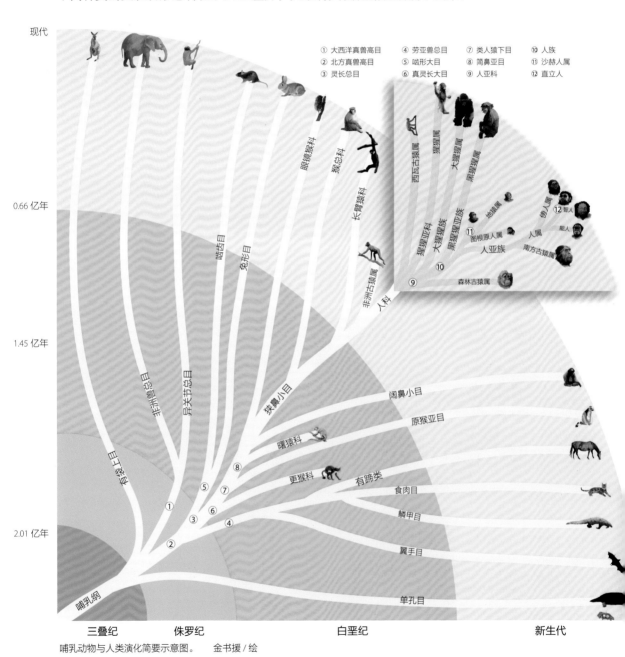

① 大西洋真兽高目	④ 劳亚兽总目	⑦ 类人猿下目	⑩ 人族
② 北方真兽高目	⑤ 啮形大目	⑧ 简鼻亚目	⑪ 沙赫人属
③ 灵长总目	⑥ 真灵长大目	⑨ 人亚科	⑫ 直立人

哺乳动物与人类演化简要示意图。　金书援 / 绘

简单来讲，简鼻亚目中演化出种类繁多的猴，其中的某一种又演化出了人猿总科。人猿总科大致根据有无尾巴而分为长臂猿科和人科，长臂猿科长了尾巴，依靠双臂在树林间活动；而人科的生物都没有尾巴，既能树栖，也能在陆地上行走。

随后，人科之中又分离出猩猩亚科和人亚科。猩猩亚科在史前存在着许多不同的属，但是到了现代只存在一个属：猩猩属。这些生物目前大都生活在印度尼西亚的岛屿上，其主要特点就是毛发普遍发红，一般人们所提及的红毛猩猩就是它们。

而人亚科中又分离出人族和大猩猩族，所有的大猩猩都属于大猩猩族，黑猩猩亚族则和人亚族一起组成了人族。所以实际上研究人类起源的问题，一方面研究人亚族是什么时候与黑猩猩分离开来的；另一方面则是研究它们为什么会分离。

由于目前科技的进步和新化石的不断发现，对于第一个问题科学家已经有了大致的答案。从基因的差异上来看，人类与黑猩猩和差异约为1.2%，与大猩猩的差异约为1.6%，与红毛猩猩的差异约为3.1%，与恒河猴的差异约为7%。根据目前的化石证据，研究者认为红毛猩猩出现的时间是1600万年前，由于它们与人类基因的差异大致为大猩猩与人类基因差异的2倍，因此可以简单计算出来，大猩猩大约是800万年前分离出来的，而黑猩猩则是大约620万年前分离出来的。

这个计算结果与目前发现的化石证据比较匹配。2002年，科学家在非洲乍得共和国发现了距今600万~700万年的乍得沙赫人，解剖学的证据表明沙赫人可能就处在人亚族和黑猩猩亚族分叉的位置，有些科学家认为它是人亚族与黑猩猩亚族的共同始祖，也有些科学家认为它是人亚族与黑猩猩亚族分离后最早的生物。

那么，这些古人类为什么会用双足行走呢？这个问题科学家并没有确切的答案，而且争议还很大。

由于基因突变的速率是稳定的，所以我们只要知道基因突变的速率以及两个物种之间的基因差异，就能大致计算出两个物种分离的时间，这种手段被称为分子钟。这个原理看上去有点复杂，但是其实就跟我们在中学物理中匀速运动的计算方法一样：匀速运动速度为 v，运动时间为 t，运动距离为 s，$s=v*t$。

放在分子钟里面，基因突变速率恒定为 v，基因差异为 s，分离时间为 t，套上述公式就行了。

在树上活动的苏门答腊猩猩。
图片来源：Wikipedia/Greg Hume

一个经典的理论就是"裂谷学说"。科学家在研究古气候的时候发现，非洲中部在1500万年前降水充分，森林茂密，那里生活着人猿共祖。到了大约800万年前，由于板块运动，沿着红海、埃塞俄比亚、肯尼亚、坦桑尼亚一线裂开成为大裂谷，这就是如今的东非大裂谷。在这个过程中，东非大裂谷的西部边

展出于美国华盛顿史密森尼自然历史博物馆的乍得沙赫人头部模型。
图片来源：Flickr/Tim Evanson

缘形成了一系列的山脉，这些山脉改变了原本的大气环流。现在，裂谷西部受大西洋的影响仍然维持着原本湿润多雨的气候，而裂谷东部则因为山脉的阻挡和其他因素的影响，气候开始变得干燥，植被也逐渐从森林演变为稀树草原，然后又缓慢变为草原。在这个气候变化的过程中，分布在西部的人猿共祖仍生活在树上，成为今天的黑猩猩和大猩猩，但是分布在东部的人猿共祖为了适应稀树草原和草原的环境，学会了下地行走，这就是人类的祖先。

当然，这个理论受到了很大质疑，比如图根原人的化石证据表明它生活在森林中，而不是稀树草原上。新的解释认为是由于这1000万年以来的地球气候变化无常，虽然整体趋势是变得越来越冷，但中间总有长达数千年甚至上万年的温暖期，紧跟着的就是大降温。在这种气候波动下，双足站立既能适应森林环境又能适应草原环境，而且相比于四足行走大大提高了效率，自然就在气候波动的筛选下成为人类的首选行走方式。

无论人类双足行走的原因是什么，结果都是在这些古老的人亚族动物出现之后，从人亚族中很快出现一系列向现代人（智人）过渡的物种。一部分科学家将其划分为不同的演化阶段：人

图根原人的化石最少来自 5 个个体，它们为我们复原了这些最古老的人类的样貌以及生活方式：它们身材大约有今天黑猩猩大小，生活于郁郁葱葱的森林之中，可以在树上双足行走，并依靠双手拉住树枝而固定，也可以在陆地行走。它们主要依靠采集树叶、水果生活，但是也开始吃肉了，所以有时候它们可能会捕捉各类爬行动物及鸟类。

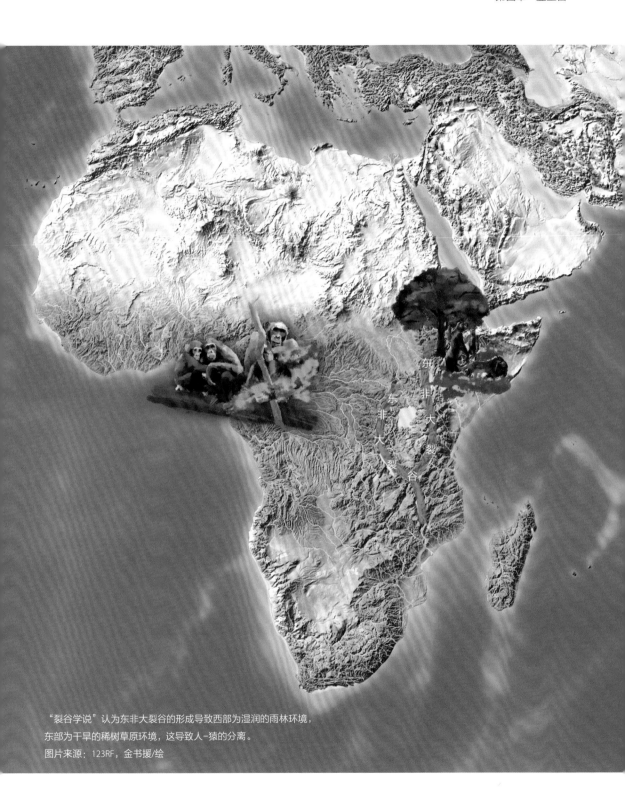

"裂谷学说"认为东非大裂谷的形成导致西部为湿润的雨林环境，
东部为干旱的稀树草原环境，这导致人-猿的分离。

图片来源：123RF，金书援/绘

猿过渡阶段、南方古猿阶段、能人阶段、直立人阶段、古老型智人阶段、海德堡人阶段、智人阶段等，不过其他的人亚族物种都已经灭绝了，最后只剩下我们——智人种生存繁衍至今。

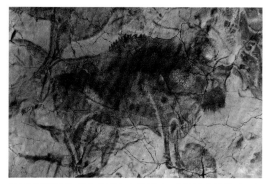

位于西班牙阿尔塔米拉洞穴中的壁画，根据研究这些壁画有 3.6 万~2.2 万年的历史。

图片来源：Museo de Altamira y D. Rodríguez

从个人的角度来看，从智人中演化出人类如今的文明来，这既是一种必然，也是一种偶然。说它必然，是因为智人已经具备了较高的脑容量，其学习、制作工具的能力在当时已经冠绝全球了，继续发展下去迟早会发展出文明；说它偶然则是因为在文明发展的过程中，某些工具和技能的习得可能真的是偶然碰到，这些偶然的事件起到了加速人类文明发展的作用——例如火的使用和冶炼能力的获取。

大约5万年前，此时智人不仅能够使用石器工具，而且也学会了使用火来照明、驱赶猛兽等，同时智人已经能够进行比较复杂的交流了。在长期的社会生活和交流中，智人的情感越发丰富，这种丰富的情感带来的效果就是对死亡的恐惧（对自己死亡的恐惧，对熟人死亡的怀念等），可能由此开始记录生活。其中最简单的方式就是画画，用红色的矿物颜料、黑色的炭等，在生活的溶洞洞壁上画出它们自己的生活，缅怀自己逝去的先人。

画画继续演变，记录形式变成了文字，有仪式感的纪念方式可能就变成了宗教。由此，人类诞生了文字和宗教仪式。

同时，在长期使用火的过程中，可能由于无意间发现粘土被烧硬，于是演变成了烧制陶器的技能。

在洞穴内画画使用的颜料大多来自矿物，如绿色的孔雀石，红色的赤铁矿。这些矿物颜料可能无意间落入火中，为人类打开了一扇文明之门：孔雀石遇到炭火，会被冶炼变成红铜！于是人类冶炼出了金属——铜。有些孔雀石可能与方铅矿或者是锡矿共生，在一起烧的时候就变成了人类历史上第一种合金——青铜。

又经过了一两千年的冶炼青铜的实践，玩火技能炉火纯青的人类制造出了炉温更高的冶炼炉，于是学会了冶炼赤铁矿，人类自此进入了铁器时代。

32 第一次核爆炸

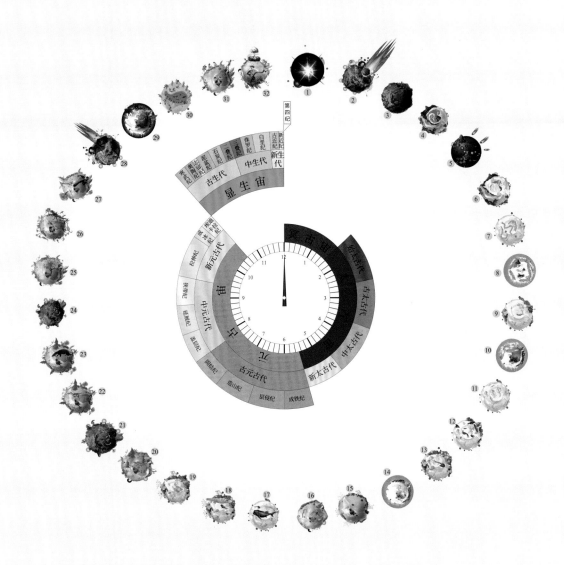

人类文明的演化历程就是一个认识世界、改造世界的过程。1945年，第一次核爆炸，象征着人类对地球认识水平和改造能力已超过过往地球历史上的任何时期。

从大约600万年前人类与猿类分离开始，地球上最重大的事件就是——人类文明的发展。如果选择一个事件作为人类文明的标志的话，我会选择1945年人类历史上第一次核爆炸，选择这个事件并不是因为它是人人谈之色变的巨大威胁，而是因为它象征着人类已经超越地球演化史上曾出现过的亿万物种，人类文明发展到有能力影响和改造整个地球的文明的程度。

对神明说再见

人类的演化历程就是一个不断认识世界、改造世界的过程。600万年前，人类还是一群茹毛饮血的野兽，所有的行为都靠着本能驱使，与其他灵长目的最大区别就在于双足行走，那时候我们对周遭几乎一无所知，更谈不上认识世界。250万年前，可能由于长期的双足行走解放了双手，人类开始尝试着打造石器了，人类的演化历程也由此进入了石器时代。

为了寻找食物和合适的石材，人类开始有意识地去探索四周的世界，在这个过程中，人类逐渐积累了对于动植物和不同岩石性质的经验，这可能就是我们对世界最早的认识了。

人类在制造石器的过程中，既需要辨识不同的岩石——这样才能更有效率地制造出更好的石器；也需要在制造石器之前预先构想一个过程：这块原石是要制造成石刀、手斧还是石矛？哪里需要有棱角，哪里需要更圆滑？它的大小应该是多少？正是这个过程让人类的想象力得到进一步的发展，想象的能力不仅让人类能够制造更加精美的石器，还让我们产生了对死亡的恐惧。在这种恐惧之下人类开始幻想亡者的世界，由此产生了最初的宗教信仰，那时人们认为万事万物背后都存在一个"灵"在掌控，无论是植物的春荣秋实、风霜雨雪还是人类的生死。在经历了数千年的变化后，这种思想演变成了现在我们熟知的各种宗教。

天然界的岩石种类非常多，但并不都适合制造石器。硅质岩是一种最主流的制造石器的岩石。这是一种主要由二氧化硅构成的岩石，它坚硬（硬度超过小刀），但很脆，可以比较容易被敲断，之后会出现贝壳状的断口，这种断口就是一种天然的刃面。全球范围内都发现了大规模使用硅质岩制造的石器。我们也可以购买一些大块的黑曜岩（硅质岩中的一种），试着自己制作石器。

由黑曜岩打制的石器，可以清晰地看到其上的贝壳状断口。
图片来源：Flicker/NTNU Vitenskapsmuseet

中国新石器时代良渚文化中的玉琮，这种精美石器是基于人头脑中虚构的概念创造出来的。这种石器的出现说明了人类这时候已经出现了想象力和审美能力，彻底脱离了旧石器时代人猿难分的蒙昧状态。
图片来源：Wikipedia/Siyuwj

宗教的出现，让石器时代以来人类对世界的认识都处于神明的阴影中——对于所有超出人类当时理解范畴的现象，我们全部将其归功于神明：缺水了会祈雨，洪涝灾害则认为是河伯或水怪兴风作浪，日月星辰的运行也是神明的安排……宗教最初出现的时候，它们可能对人类文明的演化产生过积极的影响，不过很快就开始严重阻碍人类对世界的认识了，因为主张日心说而被烧死的布鲁诺就是其中一个典型的例子。

近代以来，人类开始从各种以前难以理解的自然现象中归纳出概括性的规则来——这就是数学、物理和化学知识。利用这些规则，人类能够解释、重现、预测各种自然现象，并将它们应用到对世界的改造活动中去。

比如在上篇中提到的冶炼青铜器，可能只是源自于人们想要把绿色的铜矿石放在火中烧成绿色颜料粉末，但却出乎意料地出现了金属铜，我们的祖先不知道为什么会这样，只知道不同的矿石放到火中烧，就有可能冶炼出金属，由此发展出了完全依靠经验的采矿、冶炼体系。但是随着近代科学体系的建立，人类知道了金属的冶炼实际上就是利用还原性物质在高温下将金属原子与氧原子分离，由此可以更有效率地冶炼金属，建造出十万吨、百万吨直至千万吨级的冶炼高炉，它们构建了近现代文明社会的钢铁骨架。

另外一个例子是雨的形成，中国古人认为雨来自神明的布施（如《西游记》中所说龙王的喷嚏），因此一旦遇到干旱，古人就会摆祭坛求雨。但是物理学告诉我们，雨的形成只是一个简单的热力学现象而已，太阳加热水体，使得水蒸气蒸腾上天形成云，云中的水蒸气遇冷凝结降落就形成了雨。由此，人类研发出了人工降雨的手段，依靠飞机、高炮布撒的碘化银打入云层中就能随时获取雨。

工业革命前后发展起来的科学体系实际上是基于我们在宏观世界所观察到的现象而归纳出的规则，它对于雨的形成只能解释到阳光—热量—水蒸发—水汽凝结—雨的层次，对于微观层面上的"为什么"是无能为力的，比如阳光所含有的热量其本质是什么？为什么水受热就会蒸发？为什么会有氢原子和氧原子的存在？这两种原子又是为什么会结合得如此紧密，形成了水分子？

从19世纪开始，科学家就在探索微观粒子的世界，经过多年的研究，将一切纷乱的表象抽丝剥茧之后，剩下最简单的理论：我们的世界由中子、质子和电子构成，中子和质子构成了原子核，电子围绕着原子核运动，共同组合形成了原子。原子中质子数和电子数的不同，形成了不同的元素，元素相互组合就形成了各种分子，这些分子又相互作用，就构建出了整个世界。这个世界，归根结底就是一大团处于热运动中的电子、中子和质子，万事万物的运转规律都能在它们身上找到答案。

1945年第一次核爆炸，象征着人类已经能够深入研究并初步利用这些微观粒子了。仅仅3年后，就有科学家根据宏观和微观的物理学理论，提出了最初版本的宇宙大爆炸理论，系统地解释了宇宙诞生和元素形成的过程——这都意味着人类已经认识到了世界的本质，或许有一天当我们彻底掌握了这些微观粒子的规律，科学技术进一步发展，人类就能迈出地球文明的范畴，进入恒星系文明或银河系文明的程度。

1946 年美国在比基尼环礁进行的核试验。
图片来源：United States Department of Defense

从石刀到原子

与认识水平一起进步的还有人类制作工具的技术，这些工具被我们用来改造周遭。在旧石器时代，我们制造出来的工具非常粗笨，这些最早的石器对于地球的影响作用非常小。

但是随着工具种类的多样化，人类对周遭的改造力量也逐渐加强。大约5万年前，人类制造出了骨针，这种工具的出现让人类能够穿上厚实的衣服，从而将活动空间向高纬度和高海拔地区延伸。搭配上这时已经杀伤力大增的石刀石斧石矛等武器，人类极有可能已经开始有能力大规模猎杀生活在欧亚大陆北方草原的各种大型生物了，如猛犸象、披毛犀、剑齿虎等。现在有不少科学家相信，这些生物的灭绝，除了气候变暖的影响之外，人类的猎杀也是很重要的因素。

大约1万年前，人类可能已经驯化了小麦、水稻等农作物，也开始蓄养牛、羊、狗等家畜，我们就此进入了农耕文明。不过农耕文明的进程在前期极为缓慢，最初人类依然依靠着石器工具耕作，但很快制作出了铜器和铁器及其他更复杂的生产工具。这些工具大大加快了我们改造周遭的速度。仅从人类对地球上土地的利用就能窥知一二：4000年前，地球上无冰

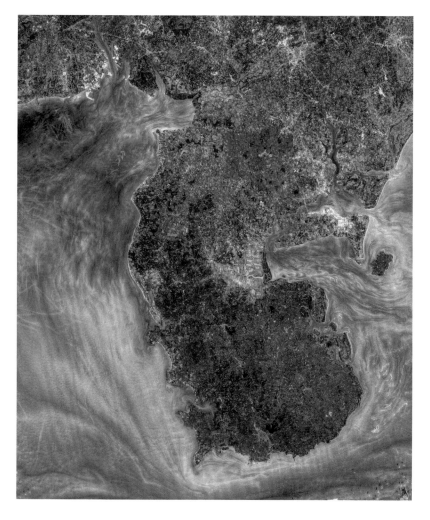

黄河入海口的卫星影像图，仔细看就会发现整个图上都是连片的村庄与整齐的农田。

图片来源：NASA

的陆地中，人类利用到的土地也只不过是其中的0.3%；这个数字到公元1700年就迅速增加到了10%；1880年则变成了25%；120年后的2000年变成了50%。如今连片的城市和农田从太空中都看得清清楚楚——这也是行星级别的影响之一。

从19世纪80年代起，人类对地球土地面积的利用率大大加快，其原因自然与这一时期建立近代数理化等各大科学体系是密不可分的，这些科学体系又反过来让我们创造出了更多更好的工具，如钻井机和内燃机。这些机器又帮助我们将过去数亿年来被埋藏在地下的煤炭和石油挖掘出来，排放出了大量的二氧化碳。

还记得在讲哺乳动物崛起的故事时讲到的古新世-始新世极热事件（PETM）吗？这是一次发生在"极短"时间内的二氧化碳增加、气温快速上升的事件，总共持续了大约12万~15万年，在这期间地球经历了多次二氧化碳的释放和吸收过程，整体升温5~6℃，同时伴随有大规模的气候变化、生物灭绝、演替和迁徙现象。而据科学家估计，人类从工业革命以来这短短200多年排放出来的二氧化碳总量就差不多达到了这个级别。

这么巨大规模的二氧化碳排放量导致了全球气候变暖加速与极端事件的频发，而由此引发的生物灭绝、海平面的变化和海洋酸化等灾难也将会是全球性的——根据科学家计算，现代的海洋酸化速度将会是PETM的10倍，这种变化速度在以往的任何地质事件中都是绝无仅有的！

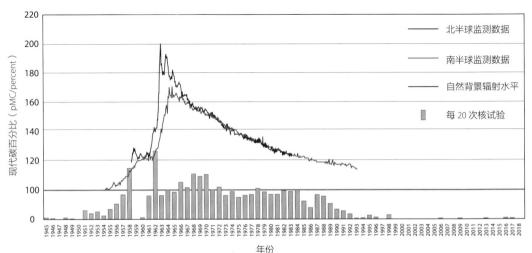

全球核试验次数与背景核辐射变化

数据来源：Wikipedia，作者制图

　　如果说以上这些全球性影响还是一个渐进的、缓慢的过程的话，那么第一次核爆炸无疑宣告了人类掌握了另一个能够快速影响全球的手段——单次核爆炸的威力有限，但是爆炸后产生的人造放射性元素在随后几年沉降到了全球的地层中，造成了微小但清晰可分辨的放射性峰值。在这次爆炸之后，由于冷战升级，核试验次数在1962年左右达到了高峰，并导致全球范围内放射性浓度产生极为明显的升高。

　　鉴于人类对于地球的改造和影响越来越大，大部分科学家都已经同意并认定地球已经进入了一个新的地质时代——人类世。而人类世的起点，有些人认定为1945年的这次核爆炸。人类的整个演化历程就好像一个指数模型，前期发展缓慢，影响低微，无论是从600万年来的人类演化历程，还是从1万年来人类文明的发展看都是如此，但是量变最终产生质变，当文明的发展超过某一个临界点之后，就如同爆炸一样大大加速，人口的爆发、工业化对自然资源的消耗和人类改造地球造成的影响都与之前不可同日而语。而1945年的这次核爆炸，无疑可以看作就是这个临界点的象征。

尾 声
科学本质与人类未来

　　在自然界有许多生物的寿命极短，比如蜉蝣，其成虫的寿命短的只有数小时，长的也不过一天，庄子在《逍遥游》中就曾形容过这些短命生物"朝菌不知晦朔，蟪蛄不知春秋"。相对于46亿年漫长的地球历史而言，寿命不过百多年，文明诞生也不过1万年的人类只不过是一只朝生暮死的蜉蝣而已。原本我们是无缘得见地球漫长而波澜壮阔的演化史，但是多亏了400多年来地球科学发展的结果，让我们拨开历史迷雾，看到了这些精彩的故事。

　　说起科学，可能很多人会认为这是一种高高在上、遥不可及的工作，但其实科学的本质很简单，第32篇也提到了，科学工作无非就是一项观察的工作。以第一个故事，太阳系诞生为例，历史上关于太阳系诞生的科学理论更迭了很多次，每一次的迭代都是观察更进一步的结果。

　　1755年，哲学家康德发表《自然通史和天体论》，根据牛顿定理试论整个宇宙的结构及其力学起源，第一次提出了太阳系起源的星云假说。他认为太阳系的天体都是星云物质在万有引力下聚集而成，星云物质一边从气态冷却变为固态，一边在万有引力作用下从团状变成盘状。这个假说的提出，一方面是文艺复兴以来天文学的进步所致，当时人们已经通过天文望远镜的观察知道了日心说和太阳系内各大行星都是在同一个平面内围绕太阳运动的，还知道了万有引力；另一方面当时物理学已经归纳出了物质的三种物态（气态、液态和固态）相互转化的规律，因此这个假说水到渠成，自然也非常合理。

　　现代星云假说，也就是故事中的传统理论，则是基于对陨石的观测结果。科学家从陨石中获得了太阳系年龄的数据，并通过太阳系内各大行星组成成分的资料，能够对太阳系的具体年龄和形成过程有一个比较精确的描述。

而最新的大迁徙理论，则是因为科学家提出传统理论后，想要验证这一理论，正好技术手段又足以让我们观察到系外星系，因此对系外星系开展了详细的观测。但是观察的结果却与传统理论有一定的冲突，于是不得不给传统理论"打补丁"，再加上计算机技术的进步，让科学家能够在电脑上模拟不同的星系形成条件（这也是观察，只不过是在计算机上观察而已），从而不断完善了大迁徙理论。

当然对地球演化历史的研究相对而言更简单一些，因为人类就生活在地球上，能够很方便地寻找地球上各个时期的岩石，通过对岩石中包含的化学元素和有机小分子对矿物和化石等进行观察，从而逐渐让地球演化的故事丰满起来。

回望科学的进展，就会发现近年的科学大事件也多是围绕着"观察"二字来的。比如我国的天眼，是为了观察太空更远、更细、更深入而制造；而我国的"蛟龙号"载人潜水器，是为了观察更深处的海洋而制造；"天问一号"火星探测器则是为了更仔细地观察火星而制造；为了观察地下深处，科学家则发起了国际大陆科学钻探计划。

当然这些都是地球科学领域，其实科学家对其他领域也都尝试从不同角度进行观察，开发新的观察方法，制造新的观察设备。400多年来，无数科学家观察的结果汇总后被归纳起来，就形成了我们现在学到的不同学科体系，这些学科体系又相互支撑、融合，促进了现代科学的蓬勃发展。

科学发展的结果，一方面让我们的生活更加便利；另一方面则是告诉了我们地球的过去，如本书讲述的故事；最后一方面是有助于人类预测未来。

依旧以地球科学为例，地球有漫长的演化历史，经历过五次生物大灭绝一样的全球性灾难，也经历过数不胜数的部分生物灭绝的小灾难。这些就是古生物前辈在演化过程中踩过的"坑"，而演化历程并不是一个可以存档重来的游戏，当我们了解了这些"坑"之后，如果在未来避开，就有可能减少遭受类似灭绝性灾难的概率。

比如第29个故事讲到古新世-始新世极热事件（PETM），地球在极短（数万年）的时间内出现了大量碳排放的情况，导致全球平均温度上升5~8℃。而那次碳排放的规模与我们如今的碳排放规模差不多，因此这一事件对我们预测未来的气候变化是有参考意义的。

所以，"以史为鉴，可以知兴替"，地球有近46亿年的演化历史，几乎遇见过各种各样的灾难类型：火山爆发、小行星碰撞、气候快速波动、森林生态系统崩溃、全球干旱、土壤荒漠化等，这些事件对我们来说几乎算是取之不尽的历史参考。

但有一个问题，人类在地球科学领域研究的"分辨率"其实并不高。在前文中我提到过，地球演化的基本时间单位是百万年，也就是说，科学家知道百万年尺度发生的地球事件，却很难更加深入研究在这一个百万年之内发生过的详细事件。虽然一些科学家让某些地质时代的分辨率达到了十万年尺度，但是整体而言，人类对地球历史的研究依然是薄弱的，这会让我们在预测未来中丢失很多关键信息，变得不准确。

不过，无论如何，人类文明能够发展到现在，无疑已经成为地球演化历史上的高光时刻。从46亿年前，地球上从无机物中演化出有机物，又从有机物演化出单细胞生命，再由单细胞生命历经波折演化出现代的人类文明，更多依靠的是幸运和巧合。但是未来人类的发展，却不得不依靠科学的指导了。

因为从生物层面来讲，人类是在数百万年的时间内与地球上的其他生物一起演化的，我们无法脱离整个生态环境而独自存活于地球上。人类的演化早已脱离了单纯的生物层面，而是跳脱到了文明演化的层面上。随着文明的越发进步，人类对地球的改变就越迅速也越剧烈，其他生物仅靠生物层面的演化很难适应如此剧烈变化的环境，研究表明，现在的生物灭绝速率是过去的100~1000倍，进入20世纪以来，每年都有约14万个物种灭绝，甚至有些科学家声称，我们现在已经进入第六次生物大灭绝之中。因此人类必须从过去的地球历史中学会与其他生物共存——这件事情，没有那么一个"神"能教会我们，人类只能依靠自己，依靠科学，依靠过往的地球历史教训。

我们都知道，手机、电脑的屏幕都是由一个个像素点构成的，分辨率指的就是单位长度内像素点的个数，具体来说也就是每英寸内的像素点个数。像素点越小，分辨率越高，我们的屏幕也就越清晰。

参考文献

[1] 胡中为. 新编太阳系演化学 [M]. 上海：上海科学技术出版社，2014.

[2] 胡中为，徐伟彪. 行星科学 [M]. 北京：科学出版社，2008.

[3] 戴文赛，胡中为. 论小行星的起源 [J]. 天文学报，1979（01）：33-42.

[4] 王道德，缪秉魁，林杨挺. 陨石的矿物 – 岩石学特征及其分类 [J]. 极地研究，2005，17（1）：45-74.

[5] WALSH K J，MORBIDELLI A，RAYMOND S N，et al. Populating the asteroid belt from two parent source regions due to the migration of giant planets—"The Grand Tack" [J]. Meteoritics & Planetary Science，2012，47（12）：1941-1947.

[6] RAYMOND S N，O'BRIEN DP，MORBIDELLI A，et al. Building the Terrestrial Planets：Constrained Accretion in the Inner Solar System[J]. Icarus，2009，203（2）：644-662.

[7] 许英奎，朱丹，王世杰，等. 月球起源研究进展 [J]. 矿物岩石地球化学通报，2012，031（005）：516-521.

[8] 林杨挺. 月球形成和演化的关键科学问题 [J]. 地球化学，2010（1）：4-13

[9] MATIJA，CUK，STEWART S. T. Making the Moon from a Fast-Spinning Earth：A Giant Impact Followed by Resonant Despinning[J]. Science，2012，338（6110）：1047-1052.

[10] 李三忠，许立青，张臻，等. 前寒武纪地球动力学（Ⅱ）：早期地球 [J]. 地学前缘，2015（6）：10-26.

[11] 刘树文，王伟，白翔，等. 前寒武纪地球动力学（Ⅶ）：早期大陆地壳的形成与演化 [J]. 地学前缘，2015，22（06）：97-108.

[12] 陆松年，郝国杰，相振群. 前寒武纪重大地质事件 [J]. 地学前缘，2016，023（006）：140-155.

[13] 胡中为，徐伟彪. 太阳系的元素丰度与起源[J]. 自然杂志，2006（4）：33-36. DOI：CNKI：SUN：ZRZZ.0.2006-04-010.

[14] 维基百科. 化学元素丰度. [Z/OL]（2020-12-23）[2021-06-11].
https：//zh.wikipedia.org/w/index.php？title=%E5%8C%96%E5%AD%B8%E5%85%83%E7%B4%A0%E8%B1%90%E5%BA%A6&oldid=63382804.

[15] KARLA S T，WINTER O C. The When and Where of Water in the History of the Universe[M/OL]. Habitability of the Universe Before Earth，2018：47-73[2021-06-12].

[16] LAWRENCE D J. Evidence for Water Ice Near Mercury's North Pole from MESSENGER Neutron Spectrometer Measurements.[J]. Science，2013，339（6117）：292-296.

[17] DRAKE M J. Origin of water in the terrestrial planets[J]. Meteoritics & Planetary Science，2005，40（4）：519-527.

[18] GENDA H，IKOMA M. Origin of the Ocean on the Earth：Early Evolution of Water D/H in a Hydrogen-Rich Atmosphere[J]. Icarus，2008，194（1）：42-52.

[19] MOJZISI S J，HARRISON T M，PIDGEON R T. Oxygen-Isotope Evidence from Ancient Zircons for Liquid Water at the Earth's Surface 4，300 Myr Ago：6817[J]. Nature，2001，409（6817）：178-181

[20] ZAHNLE K J. Earth's Earliest Atmosphere[J]. Elements，2006，2（4）：217-222.

[21] TERA F，PAPANASTASSIOU D A，WASSERBURG G J. Isotopic evidence for a terminal lunar cataclysm[J]. Earth and Planetary Science Letters，1974，22（1）：1-21.

[22] WIECZOREK M A，ZUBER M T，PHILLIPS R J. The role of magma buoyancy on the eruption of lunar basalts[J]. Earth and Planetary Science Letters，2001，185（1）：71-83.

[23] 肖智勇. 月球表面哥白尼纪与水星表面柯伊伯纪的地质活动对比研究 [D]. 中国地质大学，2013.

[24] 周琴，吴福元，刘传周. 月球同位素地质年代学与月球演化 [J]. 地球化学，2010，39（01）：37-49.

[25] GOMES R，LEVISON H F，TSIGANIS K，et al. Origin of the cataclysmic Late Heavy Bombardment period of the terrestrial planets[J]. Nature，2005，435（7041）：466-469.

[26] MANN A. Bashing Holes in the Tale of Earth's Troubled Youth：7689[J]. Nature，2018，553（7689）：393-395. DOI：10.1038/d41586-018-01074-6.

[27] 杨晶，林杨挺，欧阳自远. 地外有机化合物 [J]. 地学前缘，2014，21（06）：165-187.

[28] FURUKAWA Y，CHIKARAISHI Y，OHKOUCHI N，et al. Extraterrestrial ribose and other sugars in primitive meteorites[J]. Proceedings of the National Academy of Sciences，2019，116（49）.

[29] MCGEOCH M W，DIKLER S，MCGEOCH J E M. Hemolithin：A Meteoritic Protein containing Iron and Lithium[J]. arXiv preprint arXiv:2002. 11688，2020.

[30] MARTIN S，ALEXANDER S，COREY C，张国梁. 矿物在生命起源前合成中的作用的审视 [J]. AMBIO- 人类环境杂志，2004，33（B12）：13.

[31] 齐文同，柯叶艳. 早期地球的环境变化和生命的化学进化 [J]. 古生物学报，2002（02）：295-301.

[32] 李三忠，许立青，张臻，等. 前寒武纪地球动力学（Ⅱ）：早期地球 [J]. 地学前缘，2015，22（06）：10-26.

[33] DODD M S，PAPINEAU D，GRENNE T，et al. Evidence for early life in Earth's oldest hydrothermal vent precipitates[J]. Nature，2017，543（7643）：60-64.

[34] 史晓颖，李一良，曹长群，汤冬杰，史青. 生命起源、早期演化阶段与海洋环境演变 [J]. 地学前缘，2016，23（06）：128-139.

[35] 承磊，郑珍珍，王聪，等. 产甲烷古菌研究进展 [J]. 微生物学通报，2016，43（05）：1143-1164.

[36] 梅冥相，高金汉. 光合作用的起源：一个引人入胜的重大科学命题 [J]. 古地理学报，2015，000（5）：577-592.

[37] SÁNCHEZ-BARACALDO P，CARDONA T. On the Origin of Oxygenic Photosynthesis and Cyanobacteria[J]. New Phytologist，2020，225（4）：1440-1446.

[38] BUICK R. When Did Oxygenic Photosynthesis Evolve？ [J]. Philosophical Transactions of the Royal Society B：Biological Sciences，2008，363（1504）：2731-2743.

[39] BOSAK T，LIANG B，SIM M S，et al. Morphological Record of Oxygenic Photosynthesis in Conical Stromatolites[J]. Proceedings of the National Academy of Sciences，2009，106（27）：10939-10943.

[40] 李延河，侯可军，万德芳，等. 前寒武纪条带状硅铁建造的形成机制与地球早期的大气和海洋 [J]. 地质学报，2010，84（09）：1359-1373.

[41] 梅冥相，孟庆芬. 太古宙氧气绿洲：地球早期古地理重塑的重要线索 [J]. 古地理学报，2015，17（06）：719-734.

[42] 王长乐，张连昌，刘利，代堰锫. 国外前寒武纪铁建造的研究进展与有待深入探讨的问题 [J]. 矿床地质，2012，31（06）：1311-1325.

[43] 张福凯，徐龙君. 甲烷对全球气候变暖的影响及减排措施 [J]. 矿业安全与环保，2004，31（5）：5.

[44] ROSING M T，BIRD D K，SLEEP N H，et al. No climate paradox under the faint early Sun[J]. Nature Publishing Group UK，2010，464（7289）.

[45] ROGERS J J W，SANTOSH M. Supercontinents in Earth History[J]. Gondwana Research，2003，6（3）：357-368.

[46] PESONEN L J，ELMING S Å，MERTANEN S，et al. Palaeomagnetic configuration of continents during the Proterozoic[J]. Tectonophysics，2003. 375（1-4），289-324.

[47] 刘贤赵，张勇，宿庆等.现代陆生植物碳同位素组成对气候变化的响应研究进展[J].地球科学进展，2014，29（12）：1341-1354.

[48] TANG H，CHEN Y. Global Glaciations and Atmospheric Change at ca. 2.3 Ga[J]. Geoscience Frontiers，2013，4（5）：583-596.

[49] PEHRSSON S J，EGLINGTON B M，EVANS D A D，et al. Metallogeny and its link to orogenic style during the Nuna supercontinent cycle[J]. Geological Society London Special Publications，2016：SP424.5.

[50] LOPEZ-GARCIA P，MOREIRA D. The Syntrophy Hypothesis for the Origin of Eukaryotes Revisited[J]. Nature Microbiology，2020，5（5）：655-667. DOI：10.1038/s41564-020-0710-4.

[51] 李峰，管敏鑫.线粒体起源和蛋白含量进化 [J].科技通报，2015（1）：61-66.

[52] 维基百科.古菌 [Z/OL]. 2021（2021-03-05）[2021-03-05]. https：//zh.wikipedia.org/w/index.php？title=%E5%8F%A4%E8%8F%8C&oldid=64635942.

[53] DACKS J，ROGER A J. The First Sexual Lineage and the Relevance of Facultative Sex[J]. Journal of Molecular Evolution，1999，48（6）：779-783.

[54] HEDGES S B，BLAIR J E，VENTURI M L，et al. A Molecular Timescale of Eukaryote Evolution and the Rise of Complex Multicellular Life[J]. BMC Evolutionary Biology，2004：9.

[55] ME L，SHARPE S C，BROWN M W，et al. On the Age of Eukaryotes：Evaluating Evidence from Fossils and Molecular Clocks[J]. Cold Spring Harbor Perspectives in Biology，2014，6（8）：a016139-a016139.

[56] HAN T，RUNNEGAR B. Megascopic Eukaryotic Algae from the 2.1-Billion-Year-Old Negaunee Iron-Formation，Michigan[J]. Science，1992，257（5067）：232-235.

[57] LYONS T W，REINHARD C T，PLANAVSKY N J. The Rise of Oxygen in Earth's Early Ocean and Atmosphere[J]. Nature，2014，506（7488）：307-315.

[58] CAWOOD P A，HAWKESWORTH C J. Earth's Middle Age[J]. Geology，2014，42（6）：503-506.

[59] ZHAN G，CAWOOD P A，WILDE S A，et al. Review of Global 2.1-1.8 Ga Orogens：Implications for a Pre-Rodinia Supercontinent[J]. Earth-Science Reviews，2002，59（1-4）：125-162.

[60] ROBERTS N M W. The boring billion？- Lid Tectonics，Continental Growth and Environmental Change Associated with the Columbia Supercontinent[J]. Geoscience Frontiers，2013，4（6）：681-691.

[61] LI Z X，BOGDANOVA S V，COLLINS A S，et al. Assembly，configuration，and break-up history of Rodinia：A synthesis[J]. Precambrian Research，2008，160（1-2）：179-210.

[62] TANG M，CHU X，HAO J，et al. Orogenic Quiescence in Earth's Middle Age[J]. Science，2021，371（6530）：728-731.

[63] 中国科学院.中国学科发展战略：地球生物学 [M/OL].北京：科学出版社，2015，74-77.

[64] 赵彦彦，郑永飞.全球新元古代冰期的记录和时限 [J].岩石学报，2011，27（02）：545-565.

[65] 王叶，延晓冬.新元古代地球气候研究进展 [J].气候与环境研究，2011，16（03）：399-406.

[66] 李江海，杨静懿，马丽亚，等.显生宙烃源岩分布的古板块再造研究 [J].中国地质，2013，40（6）：1683-1699.

[67] 刘鹏举，尹崇玉，陈寿铭，等.华南峡东地区埃迪卡拉(震旦)纪年代地层划分初探 [J].地质学报，2012，86（06）：849-866.

[68] SCOTESE，C.R. PALEOMAP PaleoAtlas for GPlates and the PaleoData Plotter Program，[Z/OL]（2016-4-19）[2022-4-18] http://www.earthbyte.org/paleomap- paleoatlas-for-gplates/

[69] 袁训来等.蓝田生物群.上海：上海科学技术出版社，2016: 27-28.

[70] 尹崇玉等.震旦（伊迪卡拉）纪早期磷酸盐化生物群——瓮安生物群特征及其环境演化.北京：地质出版社，2007：34-36.

[71] CUNNINGHAM J A，VARGAS K，YIN Z，et al. The Weng'an Biota (Doushantuo Formation): an Ediacaran window on soft-bodied and multicellular microorganisms[J]. Journal of the Geological Society，2017: jgs2016-142.

[72] XIAO S，MUSCENTE A D，CHEN L，et al. The Weng'an Biota and the Ediacaran Radiation of Multicellular Eukaryotes[J]. National Science Review，2014，1（4）：498-520.

[73] 周传明，袁训来，肖书海，等 中国埃迪卡拉纪综合地层和时间框架[J]. 中国科学：地球科学，2019，49（01）：7-25.

[74] 华洪，蔡耀平，闵筱，等.新元古代末期高家山生物群的生态多样性 [J].地学前缘，2020，27（06）：28-46.

[75] SEILACHER A. Vendozoa: Organismic Construction in the Proterozoic Biosphere[J]. Lethaia, 1989, 22(3): 229-239.

[76] 彭善池.全球标准层型剖面和点位（"金钉子"）和中国的"金钉子"研究 [J].地学前缘，2014，21（02）：8-26.

[77] 朱茂炎，赵方臣，殷宗军，等.中国的寒武纪大爆发研究：进展与展望[J].中国科学：地球科学，2019，49（10）：1455-1490.

[78] 中国科学院南京地质古生物研究所.中国"金钉子"全球标准层型剖面和点位研究 [M].杭州：浙江大学出版社，2013：3-7.

[79] 舒德干，韩健.澄江动物群的核心价值：动物界成型和人类基础器官诞生 [J].地学前缘，2020，27（06）：1-27.

[80] 戎嘉余.生物演化与环境 [M].合肥：中国科学技术大学出版社，2018：96-114.

[81] YIN，Z，SUN W，LIU P，et al，Developmental biology of Helicoforamina reveals holozoan affinity，cryptic diversity，and adaptation to heterogeneous environments in the early Ediacaran Weng'an biota（Doushantuo Formation，South China）.[J]. Science Advances，2020，6（24）.

[82] 张元动，詹仁斌，樊隽轩，等.奥陶纪生物大辐射研究的关键科学问题[J].中国科学（D辑：地球科学），2009，39（02）：129-143.

[83] 詹仁斌，靳吉锁，刘建波.奥陶纪生物大辐射研究：回顾与展望 [J].科学通报，2013，58（33）：3357-3371.

[84] 宋金凤，汝佳鑫，张红光，等.地衣和地衣酸与岩石矿物风化及其机制研究进展 [J].南京林业大学学报（自然科学版），2019，43（04）：169-177.

[85] YVUAN X. Lichen-Like Symbiosis 600 Million Years Ago[J]. Science，2005，308（5724）：1017-1020.

[86] KENRICK P，CRANE P R. The Origin and Early Evolution of Plants on Land[J]. Nature，1997，389（6646）：33-39.

[87] WELLMAN C H，OSTERLOFF P L，MOHIUDDIN U. Fragments of the Earliest Land Plants[J]. Nature，2003，425（6955）：282-285.

[88] SHELTON J. Meet Pentecopterus，a new predator from the prehistoric seas. Yale University. August 31，2015.

[89] 戎嘉余，黄冰.生物大灭绝研究三十年 [J].中国科学：地球科学，2014，44（03）：377-404.

[90] 沈树忠，张华.什么引起五次生物大灭绝？[J].科学通报，2017，62（11）：1119-1135.

[91] 龚清.中国华南地区奥陶纪—志留纪之交汞异常沉积对火山作用和灭绝事件关系的指示 [D].中国地质大学，2018.

[92] 童金南，殷鸿福.古生物学 [M].北京：高等教育出版社，2006：121-124.

[93] LUCAS W J，GROOVER A，LICHTENBERGER R，et al. The Plant Vascular System：Evolution，Development and Functions[J]. Journal of Integrative Plant Biology，2013.

[94] STEEMANS P，HERISSE A L，MELVIN J，et al. Origin and Radiation of the Earliest Vascular Land Plants[J]. Science，2009，324（5925）：353-353.

[95] LIBERTÍN M，KVAEK J，BEK J，et al. Sporophytes of Polysporangiate Land Plants from the Early Silurian Period May Have Been Photosynthetically Autonomous[J]. Nature Plants，2018，4（5）269-271.

[96] BOYCE C K. How Green Was Cooksonia？ The Importance of Size in Understanding the Early Evolution of Physiology in the Vascular Plant Lineage[J]. Paleobiology，2008，34（2）：179-194.

[97] 王怿，徐洪河. 中国志留纪陆生植物研究综述 [J]. 古生物学报，2009，48（03）：453-464.

[98] 郝守刚，王德明，王祺. 陆生植物的起源和维管植物的早期演化 [J]. 北京大学学报（自然科学版），2002（02）：286-293.

[99] BERNER R A，BEERLING D J，DUDLEY R，et al. Phanerozoic atmospheric oxygen[J]. Annual Review of Earth and Planetary Sciences，2003，31（1）：105-134.

[100] MACNAUGHTON R B，COLE J M，DALRYMPLE R W，et al. First steps on land：Arthropod trackways in Cambrian-Ordovician eolian sandstone，southeastern Ontario，Canada[J]. Geology，2002，30（5）：391-394.

[101] WILSON H M. ZOSTEROGRAMMIDA，A new order of Millipedes from the Middle Silurian of Scotland and the Upper Carboniferous of Euramerica[J]. Palaeontology，2010，48（5）：1101-1110.

[102] BROOKFIELD M E，CATLOS E J，SUAREZ S E. Myriapod Divergence Times Differ between Molecular Clock and Fossil Evidence：U/Pb Zircon Ages of the Earliest Fossil Millipede-Bearing Sediments and Their Significance[J]. Historical Biology，2020：1-5.

[103] LOZANO-FERNANDEZ J，EDGECOMBE G D，TANNER A R，et al. A Cambrian-Ordovician Terrestrialization of Arachnids[J]. Frontiers in Genetics，2020，11.

[104] HAUG C，HAUG J T. The presumed oldest flying insect：more likely a myriapod？ [J]. PeerJ，2017，5：e3402.

[105] 温安祥，郭自荣. 动物学 [M]. 北京：中国农业大学出版社，2014：202-205.

[106] 盖志琨，朱敏. 无颌类演化史与中国化石记录 [M]. 上海：上海科学技术出版社，2017.

[107] GOUDEMAND N，ORCHARD M J，URDY S，et al. Synchrotron-Aided Reconstruction of the Conodont Feeding Apparatus and Implications for the Mouth of the First Vertebrates[J]. Proceedings of the National Academy of Sciences，2011，108（21）：8720-8724.

[108] GAI Z，DONGHUE P，ZHU M，et al. Fossil Jawless Fish from China Foreshadows Early Jawed Vertebrate Anatomy[J]. Nature，2011，476（7360）：324-327.

[109] 朱敏课题组. 中国志留纪古鱼新发现揭秘脊椎动物颌演化之路 [J]. 化石，2017（01）：77-80.

[110] 朱幼安，朱敏. 大鱼之始——曲靖潇湘动物群中发现志留纪最大的脊椎动物 [J]. 自然杂志，2014，36（06）：397-403.

[111] ZHU M，ZHAO W，JIA L，et al. The oldest articulated osteichthyan reveals mosaic gnathostome characters[J]. Nature, 2009, 458（7237）:469-474, 0.

[112] LU J，ZHU M，LONG J A，et al. The earliest known stem-tetrapod from the Lower Devonian of China[J]. Nature Communications，2012，3：1160.

[113] 维基百科. 提塔利克鱼属 [Z/OL]. 2021（20210210）[2021-02-10]. https://zh.wikipedia.org/w/index.php？title=%E6%8F%90%E5%A1%94%E5%88%A9%E5%85%8B%E9%B1%BC%E5%B1%9E&oldid=64221168.

[114] M.J. 本顿，古脊椎动物学 [M]. 董为，译. 4 版. 北京：科学出版社，2017：5.

[115] WANG D，QIN M，LIU L，et al. The Most Extensive Devonian Fossil Forest with Small Lycopsid Trees Bearing the Earliest Stigmarian Roots[J]. Current Biology，2019，29（16）：2604-2615.e2.

[116] MULHALL M. Saving the Rainforests of the Sea：An Analysis of International Efforts to Conserve Coral Reefs[J]. Duke Environmental Law & Policy Forum，2009，19（2）：321-351.

[117] 吴义布，龚一鸣，张立军，等 . 华南泥盆纪生物礁演化及其控制因素 [J]. 古地理学报，2010，12（003）：253-267.

[118] 王玉珏，梁昆，陈波，宋俊俊，郭文，乔丽，黄家园，郄文昆 . 晚泥盆世 F-F 大灭绝事件研究进展 [J]. 地层学杂志，2020，44（03）：277-298.

[119] SCOTT A C，GLASSPOOL I J. The Diversification of Paleozoic Fire Systems and Fluctuations in Atmospheric Oxygen Concentration[J]. Proceedings of the National Academy of Sciences，2006，103（29）：10861-10865.

[120] MCGHEE G. Carboniferous Giants and Mass Extinction[M]. New York Chichester：Columbia University Press，2018.

[121] 李维波 . 二叠纪古板块再造与岩相古地理特征分析 [J]. 中国地质，2015（2）：685-694.

[122] A.J.BOUCOT，陈旭，C.R.SCOTESE，等 . 显生宙全球古气候重建 [J]. 北京：科学出版社，2009.

[123] 杨关秀，王洪山 . 禹州植物群——中、晚期华夏植物群之瑰宝 [J]. 中国科学：地球科学，2012，042（008）：1192-1209.

[124] 卢立伍，陈晓云 . 中国石炭 – 二叠纪脊椎动物研究回顾 [C]. 中国古脊椎动物学学术年会 .

[125] WIKIPEDIA CONTRIBUTORS. Poikilotherm — Wikipedia，The Free Encyclopedia[Z/OL]（2021-10-25）[2021-6-18]. https：//en.wikipedia.org/w/index.php？title=Poikilotherm&oldid=1025609733.

[126] 宋海军，童金南 . 二叠纪 – 三叠纪之交生物大灭绝与残存 [J]. 地球科学：中国地质大学学报，2016（6）：18.

[127] 陈军，徐义刚 . 二叠纪大火成岩省的环境与生物效应：进展与前瞻 [J]. 矿物岩石地球化学通报，2017（3）：20.

[128] 殷鸿福，宋海军 . 古、中生代之交生物大灭绝与泛大陆聚合 [J]. 中国科学：地球科学，2013，10：1539–1552.

[129] DUBIEL R F，PARRISH J T，PARRISH J M，et al. The Pangaean Megamonsoon：Evidence from the Upper Triassic Chinle Formation，Colorado Plateau[J]. Palaios，1991，6（4）：347.

[130] MILLER C S，Baranyi V. Triassic Climates[M/OL]. Encyclopedia of Geology. Elsevier，2021：514-524[2021-08-07].

[131] KEMP T S. The Origin and Evolution of Mammals[M]. John Wiley & Sons，Ltd. 2005.

[132] 塔斯肯，李江海，李维波，等 . 三叠纪全球板块再造及岩相古地理研究 [J]. 海洋地质与第四纪地质，2014，034（005）：153-162.

[133] SUN Y D，JOACHIMSKI M M，WIGNALL P B，YAN C，CHEN Y，JIANG H S，WANG L，LAI X.2012. Lethally hot temperatures during the early Triassic greenhouse[J]. Science，338：366-370.

[134] 赵向东，薛乃华，王博，等 . 三叠纪卡尼期湿润幕事件研究进展 [J]. 地层学杂志，2019，v.43（03）：80-88.

[135] 金鑫，时志强，王艳艳，等 . 晚三叠世中卡尼期极端气候事件：研究进展及存在问题[J]. 沉积学报，2015，33（001）：105-115.

[136] HAUTMANN M. Extinction：end-Triassic mass extinction[J]. eLS，2012.

[137] 王鑫 . 被子植物的曙光：揭秘花的起源及陆地植物生殖器官的演化 [M]. 北京：科学出版社，2018.

[138] 山红艳，孔宏智 . 花是如何起源的？ [J]. 科学通报，2017，062（021）：2323-2334.

[139] 王鑫，刘仲健，刘文哲，等 . 走出歌德的阴影：迈向更加科学的植物系统学 [J]. 植物学报，2020，55（4）：8.

[140] 郭相奇，韩建刚，姬书安. 辽宁西部及邻区中侏罗世燕辽生物群脊椎动物化石研究进展[J]. 地质通报，2012（06）：106-113.

[141] 王鑫，刘仲健 . 侏罗纪的花化石与被子植物起源 [J]. 自然杂志，2015，37（6）：435-440.

[142] FÜRST-JANSEN JMR，DE VRIES S，DE VRIES J. Evo-physio: on stress responses and the earliest land plants[J]. Journal of Experimental Botany，2020（71）3254-3269.

[143] 徐金蓉，李奎，刘建，等 . 中国恐龙化石资源及其评价 [J]. 国土资源科技管理，2014，31（002）：8-16.

[144] 董枝明 . 中国的恐龙动物群及其层位 [J]. 地层学杂志，1980（04）：256-263.

[145] RUSSELL D A，ZHENG Z. A large mamenchisaurid from the Junggar Basin，Xinjiang，People's Republic of China[J]. Canadian Journal of Earth Sciences，1993，30（10）：2082-2095.

[146] 杨春燕 . 马门溪龙科的系统演化 [D]. 成都理工大学，2014.

[147] 庞其清，方晓思，卢立伍，等 . 云南禄丰地区下、中、上侏罗统的划分 [A] 第三届全国地层会议论文集编委会编 . 第三届全国地层会议论文集 [C].2000. 208-214.

[148] DWE HONE，K WANG，C SULLIVAN et al. A new，large tyrannosaurine theropod from the Upper Cretaceous of China[J]. Cretaceous Research，2011，32（4）：495-503.

[149] 季强 . 中国辽西中生代热河生物群 [M]. 北京：地质出版社，2004.

[150] ZHANG，MIMAN. The Jehol biota：[M]. Shanghai Scientific & Technical Publishers，2003.

[151] 中国侏罗纪构造变革与燕山运动新诠释 [J]. 地质学报，2007（11）：3-15.

[152] 王少彬，李东升 . 一些基干鸟类及带毛兽脚类恐龙：发现历史、分类及系统演化关系 [J]. 生物学通报，2012，47（1）：1-4.

[153] 徐星，马擎宇，胡东宇 . 早于始祖鸟的虚骨龙类及其对于鸟类起源研究的意义 [J]. 科学通报，2010（32）：5-12.

[154] ALVAREZ L W，ALVAREZ W，ASARO F，et al. Extraterrestrial Cause for the Cretaceous-Tertiary Extinction[J]. Science，1980，208（4448）：1095-1108.

[155] ARTEMIEVA，NATALIA，MORGAN，et al. Quantifying the Release of Climate‐Active Gases by Large Meteorite Impacts With a Case Study of Chicxulub[J]. Geophysical Research Letters，2017，44（20）：10，180-10，188.

[156] CHENET A，COURTILLOT V，FLUTEAU F，et al. Determination of rapid Deccan eruptions across the Cretaceous-Tertiary boundary using paleomagnetic secular variation：2 Constraints from analysis of eight new sections and synthesis for a 3500-m-thick composite section[J]. Journal of Geophysical Research Solid Earth，2009，114.

[157] 赵资奎，李华梅 . 广东省南雄盆地白垩系—第三系交界恐龙绝灭问题 [J]. 古脊椎动物学报，1991，029（001）：1-20.

[158] 赵资奎，毛雪瑛，柴之芳，等 . 广东省南雄盆地白垩纪 – 古近纪（K/T）过渡时期地球化学环境变化和恐龙灭绝：恐龙蛋化石提供的证据 [J]. 科学通报，2009（02）：201-209.

[159] KELLER G. The Cretaceous-Tertiary mass extinction，Chicxulub impact and Deccan volcanism[M]. Berlin：Springer，2012：759-793.

[160] FREDERICK M，GALLUP G G. The demise of dinosaurs and learned taste aversions：The biotic revenge hypothesis[J]. Ideas in Ecology and Evolution，2018，10（1）.

[161] KIELAN-JAWOROWSKA Z，HURUM J H. Limb posture in early mammals：Sprawling or parasagittal[J]. Acta Palaeontologica Polonica，2006，51（3）.

[162] ARCHIBALD J D. Structure of the K-T mammal radiation in North America：Speculations on turnover rates and trophic structure[J]. Acta Palaeontologica Polonica，1983，28：7-17.

[163] MAYR G. Paleogene fossil birds[M]. Heidelberg：Springer，2009.

[164] 汪品先 . 亚洲形变与全球变冷——探索气候与构造的关系 [J]. 第四纪研究，1998（03）：213-221.

[165] 许志琴，杨经绥，侯增谦，等 . 青藏高原大陆动力学研究若干进展 [J]. 中国地质，2016，000（001）：1-42.

[166] 许志琴，杨经绥，李海兵，等 . 印度 - 亚洲碰撞大地构造 [J]. 地质学报，2011.85（1）：33.

[167] 张克信，林晓，王国灿，等 . 青藏高原新生代隆升研究现状 [J]. 地质通报，2013，32（001）：1-18.

[168] 李吉均，周尚哲，赵志军，等 . 论青藏运动主幕 [J]. 中国科学：地球科学，2015，000（010）：P.1597-1608.

[169] 葛肖虹，刘俊来，任收麦，等 . 青藏高原隆升对中国构造 - 地貌形成、气候环境变迁与古人类迁徙的影响 [J]. 中国地质，2014，41（003）：698-714.

[170] 周秀骥，赵平，陈军明，等.青藏高原热力作用对北半球气候影响的研究[J].中国科学：地球科学，2009，039（011）：1473-1486.

[171] 周明煜，徐祥德，卞林根，等.青藏高原大气边界层观测分析与动力学研究 [M].北京：气象出版社，2000.

[172] 徐祥德，董李丽，赵阳，等.青藏高原"亚洲水塔"效应和大气水分循环特征 [J].科学通报，2019（27）：12.

[173] 邓涛，王晓鸣，李强.西藏札达盆地发现的最原始披毛犀揭示冰期动物群的高原起源 [J].中国基础科学，2012，14（03）：17-21.

[174] 邓涛，吴飞翔，苏涛，等.青藏高原——现代生物多样性形成的演化枢纽 [J].中国科学：地球科学，2020（2）.

[175] TSENG Z，WANG XM，SLATER G，et al. Himalayan fossils of the oldest known pantherine establish ancient origin of big cats[J]. Proceedings of the Royal Society B：Biological Sciences，2014，281（1774）：20132686.

[176] POZZI L，HODGSON J A，BURRELL A S，et al. Primate phylogenetic relationships and divergence dates inferred from complete mitochondrial genomes[J]. Molecular Phylogenetics & Evolution，2014，75（1）：165-183.

[177] NI X，GEBO D L，DAGOSTO M，et al. The oldest known primate skeleton and early haplorhine evolution.[J]. Nature，2013，498（7452）：60-64.

[178] 波茨，斯隆.国家地理人类进化史：智人的天性 .[M] 惠家明，刘洋，郭林，译 .南京：江苏科学技术出版社，2021.04.

[179] BRUNET M，GUY F，PILBEAM D，et al. A new hominid from the Upper Miocene of Chad，Central Africa[J]. Nature，2002，418（6894）：145-151.

[180] WOLPO FF M H，HAWKS J，SENUT B，et al. An Ape or the Ape：Is the Toumai Cranium TM 266 a Hominid？[J]. PaleoAnthropology，2006，36-50.

[181] 弗雷泽.金枝.[M].李兰兰，译.北京：煤炭工业出版社，2016.

[182] ALPHER R A，BETHE H，GAMOW G. The Origin of Chemical Elements[J]. Journal of the Washington Academy of Sciences，Washington，D. C，1948，38（8）：288.

[183] ELLIS E C，BEUSEN A，GOLDEWIJK K K. Anthropogenic Biomes：10,000 BCE to 2015 CE[J]. Land，2020，9.

[184] RIDGWELL A，SCHMIDT D N. Past constraints on the vulnerability of marine calcifiers to massive carbon dioxide release[J]. Nature Geoscience，2010，3（3）：196-200.

[185] ZALASIEWICZ，WATERS，COLIN N，et al. When did the Anthropocene begin？ A mid-twentieth century boundary level is stratigraphically optimal[J]. Quaternary International，2015，383（online first）：196-203.

[186] PIMM S L，RUSSELL G J，GITTLEMAN J L，et al. The future of biodiversity[J]. Science，1995，269（5222）：347-350.